5e Fascicule

ESSAI DE CLASSIFICATION

DES

LÉPIDOPTÈRES

PRODUCTEURS DE SOIE

PAR

M. A. CONTE

Extrait des *Annales du Laboratoire d'Études de la Soie*
Vol. 12 — 1903-1904-1905

LYON
A. REY & Cⁱᵉ, IMPRIMEURS-EDITEURS
4, RUE GENTIL, 4

1906

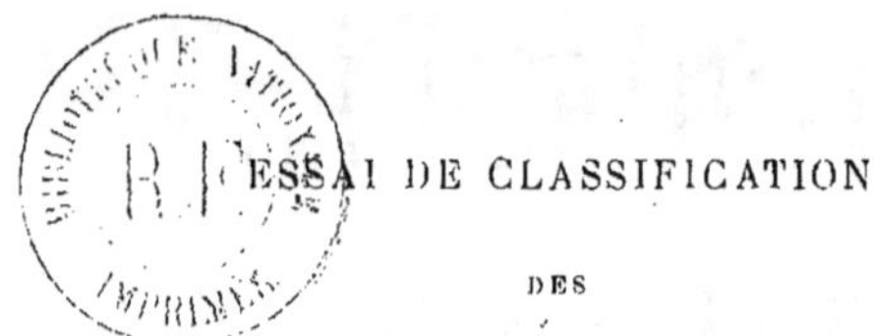

ESSAI DE CLASSIFICATION

DES

LÉPIDOPTÈRES PRODUCTEURS DE SOIE

(5ᵉ Fascicule)

ESSAI DE CLASSIFICATION

DES

LÉPIDOPTÈRES

PRODUCTEURS DE SOIE

(5ᵉ Fascicule)

PAR

M. A. CONTE

Extrait des *Annales du Laboratoire d'Études de la Soie*
Vol. 12 — 1903-1904-1905

LYON

A. REY & Cⁱᵉ, IMPRIMEURS-EDITEURS
4, RUE GENTIL, 4

1906

LÉPIDOPTÈRES PRODUCTEURS DE SOIE

Le genre *Automeris* forme un groupe bien localisé et très riche en espèces. La plupart de ces espèces n'ont jamais été figurées, aussi la bibliographie en est-elle extrêmement encombrée par des descriptions généralement très sommaires et sans aucune représentation. De plus, les espèces décrites par les premiers auteurs sont disséminées dans plusieurs collections. Pour établir la présente monographie, j'ai dû visiter ces collections et pour les espèces que je n'ai pas eues sous les yeux ou que les auteurs n'ont pas figurées, j'ai dû adopter le principe que M. Ch. Oberthür a établi en Lepidopterologie : « Pas de bonne figure à l'appui d'une description, pas de nom valable. » Il est à souhaiter qu'un tel principe, posé par un maître en la matière, devienne une règle absolue non seulement en Entomologie, mais en science naturelle. Une bonne figure vaut mieux qu'une longue description. C'est ce qui m'a décidé, après autorisation de M. Testenoire, directeur de la Condition des Soies, à changer la figuration adoptée jusqu'à ce jour dans les Rapports de notre Laboratoire. Toutes les fois que cela m'a été possible, j'ai eu recours à la photographie ; les figures de cet ouvrage sont la reproduction de clichés, sans aucune retouche. Elles offrent une garantie d'exactitude qui m'a permis d'abréger les descriptions. Toutes les espèces nouvelles ont été photographiées ; il sera ainsi toujours possible de les identifier et peut-être un jour de les réunir à d'autres si de nouveaux documents font apercevoir des transitions.

Il importe en effet de bien se rendre compte que la spécification d'espèces exotiques pour lesquelles on ne dispose que de documents de hasard, en nombre souvent extrêmement restreint, ne peut avoir la valeur de celle d'espèces locales. Des chasses plus nombreuses faites dans les pays d'origine mettront au jour des matériaux abondants qui, sans nul doute, permettront, à un moment donné, de grouper en une seule plusieurs des espèces que nous considérons comme distinctes. A ce moment, notre travail perdrait toute valeur et serait même nuisible au progrès de la science, s'il ne comportait une figuration rigoureusement exacte. Grâce à ce dernier caractère, il sera toujours une base utilisable.

J'adresse tous mes remerciements à la Chambre de commerce de Lyon, d'une part, à M. J. Testenoire, directeur de la Condition des Soies, d'autre part, qui, après m'avoir attaché à leur Laboratoire d'Etudes de la Soie, ont mis à ma disposition tous les moyens nécessaires pour mener à bien mon travail.

Grâce à eux, j'ai pu visiter plusieurs collections et voir sur place les espèces décrites par les auteurs qui m'ont précédé. Dans tous les Musées, mon titre d'envoyé de la Chambre de commerce de Lyon m'a valu l'accueil le plus sympathique.

M. Ch. Oberthür m'a reçu à Rennes avec la plus grande bienveillance ; non content de mettre à ma disposition les merveilles de sa collection, il m'a communiqué à Lyon un grand nombre d'espèces nouvelles. Il m'a prodigué ses conseils et ses encouragements. Je n'oublierai point les nombreuses soirées où, après le travail acharné de la journée, ce savant voulait bien aborder avec moi tous les problèmes si captivants de l'espèce, de l'hérédité et de l'évolution. Esprit éclairé et indépendant, M. Ch. Oberthür n'est l'esclave d'aucune idée classique et, quoique ne partageant pas toujours toutes ses opinions, je suis heureux de rendre hommage à la netteté de ses vues et à la richesse de sa documentation.

A Tring, la merveilleuse collection de M. Walter de Rothschild m'a permis d'examiner quelques matériaux rares de la collection Felder. M. K. Jordan m'y a accueilli très aimablement.

M. Hampson, au Museum d'Histoire naturelle de Londres, m'a très obligeamment permis d'étudier un certain nombre des types de Walker.

J'ai reçu à Oxford l'accueil le plus aimable de la part de M. Poulton.

Enfin, à Paris, M. le Professeur Bouvier m'a accueilli dans son Laboratoire avec la plus grande bienveillance. M. Poujade m'a guidé dans les collections de Lépidoptères du Muséum où j'ai eu la bonne fortune de rencontrer une espèce nouvelle.

Genre **Automeris**

Hübn., *Verz. Bek. Schmet,* p. 155 (1816).

Hyperchiria, Hübn., *op. cit.*
Gamelia, Hübn., *op. cit.*
Hyperchiria, Walk., *Cat. Lep. Het. Brit. Museum.*, p. 1277, 1855.
Io, Boisduval, *Ann. Soc. Ent. Belge.*, XVIII, p. 206.

Je réunis dans le genre *Automeris* trois genres décrits par Hübner comme distincts, savoir :

1° Le *genre Automeris :* ailes non crénelées, un œil sous les ailes inférieures et un sous les ailes supérieures ;

Ex. : *Automeris Janus.*

2° Le *genre Hyperchiria :* ailes supérieures crénelées ; un gros œil seulement sur les ailes inférieures ;

Ex. : *Hyperchiria nausica.*

3° Le *genre Gamelia :* ailes supérieures dont l'apex forme un bec ; un seul œil sur les ailes inférieures.

Ex. : *Gamelia abasia.*

De telles distinctions ne s'expliquent que par le nombre restreint d'exemplaires que Hübner a eu sous les yeux. Comme on le verra, au cours de cette publication, on trouve tous les intermédiaires entre ces trois groupes et ils forment en réalité un ensemble très homogène dans lequel nulle coupure n'est possible.

Nous définirons ainsi le genre *Automeris :*

Papillon : corps robuste ; antennes des mâles pectinées, antennes des femelles ciliées ; trompe rudimentaire ; palpes couverts de poils écailleux.

Aile antérieure avec deux rayures très nettes, l'extra-basilaire et la post-médiane ; sur l'espace médian, une marque plus ou moins nette se traduisant, à la face inférieure, par un point ou par une tache.

Aile postérieure : pas de rayure extra-basilaire ; un grand disque va de la base jusqu'à une rayure externe arrondie ; sur ce disque existe toujours un œil plus ou moins gros se traduisant, à la face inférieure, par un point.

Chenilles. — Corps cylindrique, portant des bouquets de soies ou des épines garnies de soies et implantées sur des tubercules. Ces soies possèdent des propriétés urticantes très remarquables. Les chenilles sont grégaires dans le jeune âge et vagabondes ensuite.

Chrysalides et cocons. — Enfermées dans un cocon rudimentaire, ajouré, tissé entre les feuilles des arbres.

Toutes les espèces du genre *Automeris* sont originaires de l'Amérique ; la plus grande partie de l'Amérique du Sud et de l'Amérique centrale.

Automeris plicata, HERR. SCHÆFFER, *Exot. Schm.*, p. 302.

Io laciniata, Boisduval, aperçu monographique du genre *Io (Annales de la Société entomologique belge*, 1875, p. 230).

Io plicata, Boisd., *loc. cit.*, p. 229.

Habitat : Brésil.

Envergure : mâle, 3 cm. ; femelle, 4 cm. 1/2., pl. I, fig. 1.

Mâle. Tête et thorax brun clair, abdomen fauve.

Aile antérieure : apex tronqué, moitié supérieure du bord externe fortement dentée. Coloration foncière brun clair coupée par des rayures obliques, brunâtres ; rayure extra-basilaire très oblique, espace médian avec une marque très petite, de la couleur du fond, bordée de noir ; le reste de l'aile avec deux rayures droites et une rayure subterminale sinuée.

Aile postérieure : bord antérieur ondulé, angle externe échancré, bord externe sinué. Coloration foncière glauque couverte par des poils brun clair en dessus de la nervure radiale et contre le bord interne ; œil petit, brun rouge, avec, au centre, une pupille formée de petits points blancs, largement cerclé de brun noir ; rayures post-médiane et antéterminale arrondies, larges, se terminant contre la radiale, brunâtres ; frange brun clair.

Face inférieure roux fauve ; marque représentée par un petit œil noir, oblong ; l'œil par un point discoïdal noir ; l'extrémité des ailes inférieures est glacée de violâtre.

Femelle. Très semblable au mâle dont elle diffère par la taille, les échancrures des ailes plus marquées, la rayure post-médiane plus voisine de l'œil.

Coll. Ch. Oberthür.

SATURNIENS

Fig. 1.

Fig. 2.

Fig. 3.

Fig. 4.

Fig. 5.

Fig. 6.

Fig. 1. *Automeris plicata*, Schäff
— 2.   —   *acutus*, n. sp.
— 3.   *flavus*, n. sp.

Fig. 4. *Automeris Nausica*, mâle.
— 5.   —   *ondulatus*, n. sp.
· 6.   —   *Nausica*, femelle.

Automeris acutus, *n. sp.*

Habitat : Pérou.

Envergure : femelle, 8 cm., pl. I, fig. 2.

Femelle. Tête et thorax roussâtres, rayés de brun au milieu ; abdomen fauve avec des bandes noires sur chaque anneau et une touffe de poils roses à son intersection.

Aile antérieure : apex pointu, bord externe présentant, en dessous de l'apex, une grande dent très proéminente. Coloration foncière gris brunâtre avec quelques rares points noirs sur les nervures ; espace basilaire brunâtre clair ; rayure extra-basilaire très oblique, brune ; espace médian très grand, coupé transversalement, presque au milieu, par une bande vert jaunâtre peu saillante ; marque allongée, verdâtre, tachée de noir à l'extrémité supérieure ; la moitié interne de cet espace médian est semée de poils blancs ; rayure post-médiane mince, légèrement infléchie vers le bord costal, n'atteignant pas l'apex, brune ; espace antéterminal légèrement jaunâtre, rayure subterminale sinuée, estompée, obsolète surtout en dessous de la nervure cubitale ; espace terminal de la couleur foncière, avec, en bas, quelques poils blancs ; frange brun rose, concolore.

Aile postérieure : bord antérieur arrondi, angle externe légèrement saillant. Coloration foncière glauque, gris brun en dessus de la nervure radiale ; rayure extra-basilaire estompée, fumeuse, allant en s'élargissant sur le bord interne ; œil moyen, rouge, pupillé largement de blanc, cerclé de noir ; au delà, une première rayure en demi-cercle, élargie vers le bord interne, noirâtre et, un peu plus loin, une deuxième rayure plus large, de même couleur et de même forme ; frange concolore, brun clair.

Face inférieure : Tête, thorax, abdomen brique. Ailes brun roux brique ; aile antérieure à bord costal roux, marque allongée, fumeuse, rayure post-médiane droite, brunâtre ; espace terminal brunâtre ; aile postérieure plus foncée que l'antérieure, œil représenté par un macule violâtre, obsolète, vaguement pupillé de brun ; au delà, une rayure brune sinueuse, puis, couvrant partiellement le reste de l'aile, deux bandes violacées, convergentes en avant et en arrière.

Rapports et différences. Cette espèce se rapproche de l'*Automeris plicata* par la forme générale et la coloration ; elle en diffère par l'absence d'une rayure foncée presque tangente à la marque, par la dentelure du bord externe, par le bord antérieur de l'aile postérieure qui n'est pas sinué.

Elle se rapproche beaucoup de l'*Automeris flavus*, dont elle diffère par l'apex pointu et non tronqué, l'abdomen très nettement cerclé de noir, la pupille de l'œil plus grande, la forme de l'aile postérieure dont l'angle externe est déjeté et imparfaitement arrondi.

Collection Ch. Oberthür.

Automeris flavus, *n. sp.*

Habitat : Pérou.

Envergure : mâle, 5 cm. 1/2, pl. I. fig. 3.

Mâle. Tête et thorax gris jaunâtre couverts de longs poils, avec une bande longitudinale médiane brune, abdomen roux fauve.

Aile antérieure : apex tronqué obliquement avec une échancrure très prononcée en dessous. Coloration foncière brun verdâtre ; espace basilaire brun clair ; rayure extra-basilaire oblique, brune ; espace médian brun clair, coupé au milieu par une bande oblique verdâtre, marque allongée, glauque, placée dans la première moitié de l'espace, quelques petits points glauques semés sur les nervures supérieures ; rayure post-médiane légèrement concave, droite, brune, aboutissant loin de l'apex ; le reste de l'aile verdâtre, coupé au milieu par une rayure subterminale denticulée, brun clair, obsolète en haut et en bas, quelques points bruns sur les nervures ; frange entrecoupée, verdâtre, brune sur les nervures.

Aile postérieure : les bords antérieurs et extérieurs bien arrondis, bord interne presque droit. Coloration foncière glauque, avec l'espace supra-radial voilé par un épais feutrage de poils, rayure extra-basilaire large, très courte, noire ; œil petit, pyriforme, rouge, pupillé de blanc et cerclé de noir ; rayure post-médiane arrondie, allant en s'élargissant vers le bord interne, noire ; rayure subterminale allant en s'élargissant, noirâtre ; frange entrecoupée glauque et foncée sur les nervures, avec de longs poils.

Face inférieure : Corps rouge brique, aile antérieure rousse jusqu'à la nervure post-médiane, marque brun noir, espace antéterminal vert jaunâtre, espace terminal brunâtre ; aile postérieure roux brique, côte brune, pupille de l'œil violacée ; un peu au delà, une rayure sinuée, brune ; sur le reste de l'aile, deux larges bandes violâtres confluentes vers l'angle externe.

Rapports et différences. Espèce voisine de *A. Nausica Cram.*, dont elle se rapproche par la forme des ailes antérieures et par le coloris ; elle en diffère par ses dimensions moindres, l'absence de bandes noires sur les anneaux de l'abdomen, la forme arrondie et non anguleuse du bord antérieur des ailes postérieures, l'œil plus petit, rouge et non orangé.

Collection Ch. Oberthür.

Automeris Nausica, Cram.

> **Phalæna nausica,** Cram., *Pap. Exotiques.* Pl. 249 D. E. et Pl. 303 B. C.
> **Hyperchiria nausica,** Hübn., *Verz. bek. Schmet.*, p. 155.
> **Hyperchiria nausica,** Walk., *Cat. Lep. Brit. Mus.*, VI, p. 1309.
> **Io nausica,** Boisd., *loc. cit.*, p. 220.

Habitat : Cayenne, Surinam, Mexico.

Envergure : mâle, 6 cm. 1/2 ; femelle, 8 cm. 1/2, pl. I, fig. 4 et fig. 6.

Mâle. Tête et thorax grisâtres avec une rayure médiane brune ; abdomen roux avec une bande noire sur chaque segment.

Aile antérieure : apex tronqué. Coloration foncière grisâtre glauque ; espace basilaire brun grisâtre, rayure extra-basilaire étroite, très oblique, brune, obsolète dans le tiers inférieur ; espace médian brun grisâtre dans sa moitié interne et glauque grisâtre dans sa moitié externe, ces deux moitiés séparées par une bande oblique, glauque, peu nette ; marque glauque placée dans la moitié interne de l'espace médian ; rayure post-médiane mince, concave, brune, se dirigeant sur l'apex sans l'atteindre ; espace antéterminal glauque jaunâtre, rayure subterminale très sinuée, brun clair ; espace terminal glauque brun clair ; frange concolore, glauque brunâtre.

Aile postérieure : apex légèrement anguleux, bord externe arrondi, bord antérieur sinué. Coloration foncière glauque verdâtre ; espace basilaire portant de nombreux poils bruns ; rayure extra-basilaire large, très obsolète au-dessus de la nervure radiale, brune ; espace médian glauque ; œil moyen, jaune orangé, pupillé d'un très petit point blanc et cerclé de noir ; rayure post-médiane très arrondie, obsolète en dessus de la nervure radiale, allant en s'élargissant vers le bord interne ; espace antéterminal étroit, glauque ; rayure subterminale large, brune, obsolète en dessus de la radiale, espace terminal glauque ; frange formée, sur le bord interne, de poils très longs, concolore.

Face inférieure : corps roux brique. Aile antérieure roussâtre ;

marque brunâtre.Aile postérieure roux violâtre, brique vers le bord antérieur ; pupille à peine apparente, une mince rayure anguleuse au delà, brun clair ; plus loin, deux bandes glacées de violâtre, convergent près de l'apex.

La chenille est verte ou d'un vert pâle, garnie de quatre rangées d'épines rameuses de la même couleur. Le dernier segment est marqué d'une petite raie noire et d'une autre incarnate, plus grande, de forme semi-lunaire. (Stoll.)

Collection du Laboratoire.

Automeris incisa, WALK.

Hyperchiria incisa, Walk, *Cat. Lep. Brit. Museum*, p. 1307, 1855.
Io Orodes, Boisd., *op. cit.*, p. 227, 1875.

Habitat : Brésil.

Envergure : mâle, 7 cm. ; femelle, 8 cm. 1/2 à 10 cm., pl. II, fig. 1 et 2.

Mâle. Tête et thorax couverts de poils café au lait clair ; antennes brunâtres ; abdomen roux avec des bandes mal indiquées, noires sur chaque segment.

Aile antérieure brun clair à apex obtus, comme tronqué, bord externe ondulé. Coloration foncière brun grisâtre clair ; rayure extra-basilaire coudée extérieurement sur la première nervure anale, brun rouge ; espace médian traversé par une bande estompée plus sombre, marque de la couleur foncière, à peine indiquée, rayure post-médiane étroite, aboutissant loin de l'apex, brune ; le reste de l'aile café au lait foncé, traversé par une rayure subterminale sinuée, sombre et très obsolète ; frange brune, très marquée au bord interne.

Aile postérieure : bords sinueux, coloration foncière jaune d'or plus foncée à la base et contre le bord interne, voilée de gris en dessus de la nervure radiale ; œil moyen, rouge, à grosse pupille rose, cerclé de noir plus largement du côté interne que du côté externe ; au delà, deux rayures larges, la première en demi-cercle, la seconde légèrement arrondie, noirâtre ; frange brun roux.

Face inférieure : corps jaune d'or ; aile antérieure jaune d'or plus clair vers le bord externe ; marque allongée, noire ; une rayure brune, légèrement ondulée entre la marque et le bord externe ; aile postérieure jaune d'or depuis la base jusqu'à la rayure post-oculaire, celle-

SATURNIENS

Fig. 1.

Fig. 2.

Fig. 3.

Fig. 4

Fig. 5.

Fig. 6.

Fig. 1. *Automeris incisa*, Walk., mâle.
— 2. — *incisa*. Walk., femelle.
— 3. — *Stollii*, Boisd., mâle.

Fig. 4. *Automeris Stollii*, Boisd., femelle.
— 5. — *funebris*, n. sp.
— 6. — *Crameri*, Boisd.

ci brune, légèrement festonnée ; œil non apparent ; le reste de l'aile presque entièrement couvert par deux larges bandes violâtres ; frange jaune d'or.

Femelle. Diffère du mâle par sa taille, son apex nettement tronqué, une rayure extra-basilaire sombre sur l'aile postérieure, l'abdomen nettement cerclé de noir, la face supérieure de l'aile café au lait, la face inférieure des deux ailes brique et non jaune.

Collection du Laboratoire.

Automeris Stollii, Boisd.

> **Phalæna Io femelle**, Cramer, *Pap. exot.*, fig. 303 D. E.
> **Io Stollii**, Boisd., p. 228.
> **Hyperchiria Stollii**, Butler, *Lep. of the Amazon Entom. Society London*, 1878.

Habitat : Surinam.

Envergure : mâle, 5 cm. ; femelle, 8 cm., pl. II, fig. 3 et 4.

Femelle. Tête, thorax et abdomen gris roussâtre.

Aile antérieure : bord externe légèrement dentelé surtout en dessous de l'apex. Coloration foncière gris violâtre ; espace basilaire glacé de blanc, rayure extra-basilaire large, brune ; espace médian violacé avec la marque pointillée de blanc et bordée partiellement de brun ; cet espace est coupé transversalement par une large bande brune ; rayure post-médiane blanche n'allant pas à l'apex ; espace antéterminal glacé de violâtre ; rayure subterminale blanche, courbée ; espace terminal avec du violâtre dans la moitié inférieure ; toute la région apicale largement couverte de brun, apex avec une tache brun jaunâtre et une petite tache en croissant, noire, au-dessous ; frange brune et blanche dans le tiers inférieur.

Aile postérieure faiblement ondulée ; disque verdâtre avec des poils bruns à l'insertion et sur les bords antérieurs et postérieurs ; œil grand, rouge, cerclé de noir, à pupille excentrique blanche ; au delà, une rayure noire arrondie bordant le disque, puis un espace brun clair, une seconde rayure arrondie parallèle à la première et de même couleur, puis un large espace terminal rouge ; frange ocracée.

Face inférieure : aile antérieure brun clair ; marque pyriforme, noire, pupillée de blanc, au delà une rayure noire ; aile postérieure brun jaunâtre, un point blanc sur le disque, tangent à une rayure brune ; le reste de l'aile brun.

La chenille, selon Stoll, est d'un brun foncé avec des tubercules d'un gris cendré, surmontés de petits bouquets de poils brunâtres. Elle vit sur le cacaoyer, *Theobroma Cacao*.

Collection Ch. Oberthür.

Automeris ondulatus, *n. sp.*

Habitat : San-Jose de Costa-Rica.

Envergure : mâle, 5 cm., pl. I, fig. 5.

Mâle. Tête et thorax marron roussâtre, abdomen roussâtre.

Aile antérieure : bord externe présentant une grosse sinuosité sous l'apex. Coloration foncière marron clair ; rayure extra-basilaire rectiligne, oblique, marron foncé, espace médian à marque indiquée par un très petit point noir ; rayure post-médiane concave, n'atteignant pas l'apex, marron foncé ; le reste de l'aile brun coupé par une rayure subterminale sinuée, claire ; frange marron.

Aile postérieure : bord externe sinué donnant à l'angle interne l'aspect d'un prolongement caudal gros et court. Coloration foncière brun marron clair ; œil pyriforme, à sommet tourné vers l'insertion, rouge, cerclé de noir, tangent à une première rayure oblique, marron, obsolète ; plus loin, une deuxième rayure marron plus large, sinuée, obsolète ; bord terminal plus foncé ; frange marron.

Face inférieure : corps grisâtre ; aile antérieure rougeâtre, marque arrondie, noire ; au delà, une rayure marron très concave avec une tache rose dans son angle costal interne ; aile postérieure gris roussâtre coupée, au milieu, par une rayure oblique, marron foncé, bordée intérieurement d'écailles rosâtres.

Rapports et différences. Espèce tout à fait particulière.

Collection Ch. Oberthür.

Automeris funebris, *n. sp.*

Habitat : Honduras.

Envergure : mâle, 5 cm., pl. II, fig. 5.

Mâle. Tête et thorax grisâtres, abdomen jaunâtre avec une rayure noire sur chaque anneau.

Aile antérieure : régulière. Coloration foncière gris noirâtre ; espace basilaire grisâtre, rayure extra-basilaire presque parallèle au corps, droite, ocracée, bordée intérieurement de blanchâtre ; espace médian étroit, marque fumeuse à pupille blanche et à bordure obsolète ; rayure post-médiane oblique, aboutissant loin de l'apex, presque tangente à la marque, ocracée, bordée, des deux côtés, de blanchâtre ; espace antéterminal gris noir ; espace terminal de même couleur ; rayure subterminale sinuée, bosselée en face de la nervure radiale, blanchâtre ; frange foncée dans la moitié supérieure, claire dans la moitié inférieure.

Aile postérieure : coloration foncière gris marron ; disque café au lait clair ; œil ovale, rouge clair ; cercle noir plus large du côté extérieur ; au delà, une première rayure marron clair oblique, tangente à l'œil, puis une seconde plus large, de même couleur ; le reste de l'œil, d'abord clair, puis marron.

Face inférieure : corps grisâtre ; aile antérieure grise, rosâtre dans sa moitié interne et sur les nervures ; grande marque arrondie, noire ; aile postérieure grise avec des poils rosâtres sur le bord interne et les nervures ; œil représenté par une vague tache rougeâtre placé sur une rayure blanchâtre, très obsolète ; au delà, une rayure noirâtre ondulée unit le bord antérieur au bord postérieur.

Rapports et différences. Espèce tout à fait particulière.

Collection Ch. Oberthür.

Automeris Crameri, Boisd.

Phalæna Io, Cram , *Pap. Exot.*, pl. 303, F. G.
Io Crameri, Boisd., *op. cit.*, p. 221.
Hyperchiria Vala, Kirb., *Proc, Ent. Soc.*, Lond., 1871, p. 43.

Habitat : Surinam.

Envergure : mâle, 4 cm., pl. II, fig. 6.

Mâle. Tête et thorax brun jaunâtre, antennes fauves, abdomen fauve couvert dorsalement de poils rouges.

Aile antérieure : légèrement falquée. Coloration foncière brunâtre très clair ; espace basilaire brun, plus foncé à l'insertion ; rayure extra-basilaire sinuée, brun sombre ; espace médian couvert, dans ses deux tiers antérieurs, de grisâtre, limité extérieurement par une bande transversale jaune; marque oblongue, grisâtre, cerclée de brun ; rayure post-médiane droite, se terminant loin de l'apex, brune, bordée de jaunâtre ; le reste de l'aile de la couleur du fond et coupé par une rayure subterminale incomplète, brune ; frange jaunâtre.

Aile postérieure : de la couleur des antérieures, mais couverte de poils rouges sur la base et le long du bord postérieur ; œil oblong, rouge, cerclé de noir avec une pupille excentrique blanchâtre ; au delà, deux rayures arrondies grisâtres ; le reste de l'aile d'abord de la couleur du fond, puis brun jaunâtre.

Face inférieure : coloration foncière jaunâtre, légèrement verdâtre sur la base de l'aile postérieure ; aile antérieure avec une marque ronde, noire, pupillée de blanc, rayure post-médiane brun rouge ; aile postérieure avec un point blanc auréolé de brun, correspondant au centre de l'œil et suivi d'une rayure sinuée brunâtre au delà de laquelle l'aile est partiellement couverte de brunâtre.

Automeris Abas, CRAMER, *Pap. exot.*, fig. 77, A.

Gamelia abas, Fabricius, *Ent. Syst. II*, part 1, pp. 149, 38.
Io abas, Boisduval, *Ann. Soc. Ent. Belge*, p 243.

Habitat : Surinam.

Envergure : mâle, 6 cm. 1/4 à 7 cm. ; femelle, 10 cm. à 11 cm., pl. III, fig. 1 et 2.

Mâle. Corps gris brun, tête et thorax plus foncés, antennes testacées.

Aile antérieure : falquée, apex pointu. Coloration foncière brune ; espace basilaire brun foncé ; rayure extra-basilaire glauque, dentelée ; espace médian brun violâtre, marque ronde, très petite, glauque, cerclée de noir, rayure post-médiane aboutissant à l'apex, formée de deux lignes noires séparées par une étroite bande jaunâtre, le reste de l'aile brun violâtre.

Aile postérieure : coloration foncière glauque grisâtre, couverte de poils gris marron à la base et contre le bord interne ; œil légèrement ovale, rouge, à pupille blanche, rapprochée du bord interne, cercle noir ; au delà, deux rayures arrondies gris sombre : la première étroite, voisine de l'œil, la seconde allant en s'élargissant d'avant en arrière ; le reste de l'œil gris sombre.

Face inférieure : corps brun roux ; aile antérieure grisâtre, marque fumeuse à pupille claire, rayure plus sombre bordée extérieurement de blanc ; aile postérieure gris roussâtre ; œil roux pupillé de jau-

SATURNIENS

F IG. 1.

F IG. 3.

F IG. 2.

F IG. 4.

F IG. 5.

F IG. 6.

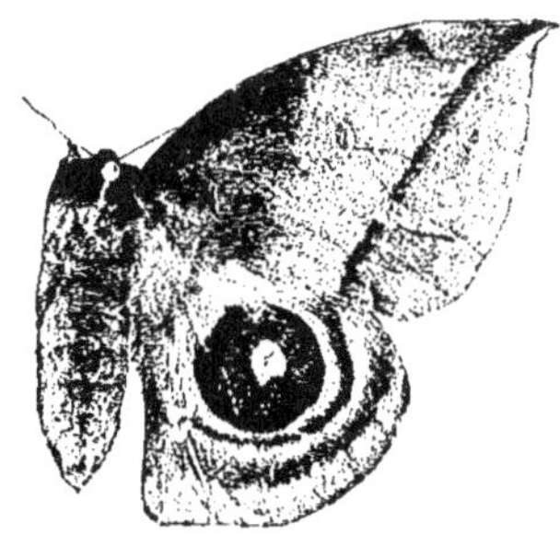

F IG. 7.

Fig. 1. *Automeris Abas*, Cram., mâle.
— 2.   —   *Abas*, Cram., femelle.
— 3.   —   *Abasia*, mâle.
— 4.   —   *Episcopus*, Boisd.

Fig. 5. *Automeris Abasia*, Cram.
Fig. 6.   —   *Barii*, Boisd.
Fig. 7.   —   *Anableps*, Felder.

nâtre ; au delà, une rayure rectiligne gris noir bordée extérieurement de blanc.

Femelle. Grande, aile antérieure à apex plus effilé que chez le mâle ; rayure post-médiane plus diffuse ; aile postérieure à œil plus volumi-neux.

Coll. Ch. Oberthür, Laboratoire.

Automeris Episcopus, Boisd.

Phalœna Abas femelle, Cramer, *Pap. Exot.*, 77 B.
    —   —   Fabricius, *Ent. Syst. III*, pars 1, 419, 38.
Io episcopus, Boisduval, *loc. cit.*, p. 243.

Habitat : Surinam.
Envergure : femelle, 8 cm., pl. III, fig. 4.
Femelle. Tête et thorax bruns ; antennes fauves ; abdomen terreux.

Aile antérieure : légèrement falquée, apex pointu, non étiré ; espace basilaire brun sombre avec quelques stries claires ; marque petite, ronde, jaune claire cerclée de noir ; espace médian terreux, violacé en arrière ; rayure post-médiane jaunâtre, bordée de noir des deux côtés ; espace antéterminal terreux ; espace terminal violacé.

Aile postérieure : disque gris verdâtre, œil rouge, oblong, largement cerclé de noir et pupillé de blanc ; au delà, trois rayures arrondies sombres, la dernière limitant le disque ; le reste de l'aile violacé.

Face inférieure : brune ; marque ocellée ; un point blanc sur le centre de l'œil, suivi d'une rayure transversale droite d'un blanc grisâtre, allant de l'angle anal au bord postérieur.

Automeris Abasia, Cramer, *Pap. exot.*, fig. 344, A. B. C.

Gamelia abasia, Hübner, *loc. cit.*
Io abasia, Boisduval, *loc. cit.*, p. 242.
Gamelia abasia, Druce, *Biol. Centr. Amer. Lepidopt.*, t. I, p. 183.

Habitat : Surinam, Cayenne, Panama.
Envergure : mâle, 7 cm. ; femelle, 9 cm., pl. III, fig. 3 et 5.
Mâle. Tête et thorax marrons, abdomen fauve.

Aile antérieure : apex pointu. Coloration foncière marron clair ; espace basilaire marron foncé, rayure extra-basilaire dentelée, jaunâtre, bordée de noir, à peine visible par place ; espace médian marron foncé intérieurement et clair dans la moitié externe ; marque petite, ronde, jaunâtre, cerclée de noir ; rayure post-médiane concave formée de deux lignes noires séparées par une étroite bande jaunâtre et aboutissant à l'apex ; le reste de l'aile marron clair coupé transversalement par la rayure subterminale sinuée, foncée, très obsolète.

Aile postérieure : marron rosâtre clair ; œil oblong, rouge, cerclé de noir, à pupille blanche excentrique ; au delà, une rayure arrondie grisâtre clair et une bande de même forme et de même couleur qui va en s'élargissant contre le bord interne.

Face inférieure : jaune grisâtre ; aile antérieure avec une petite marque arrondie, noirâtre et une rayure rousse, aile postérieure jaune avec un point noir correspondant au centre de l'œil et, au delà, une rayure blanche bordée intérieurement de gris et extérieurement de ferrugineux.

Femelle. Tête et thorax brun sombre, abdomen ferrugineux.

Aile antérieure : apex très étiré ; coloration brun violâtre ; rayure extra-basilaire en zigzag, jaunâtre ; marque petite, ronde, jaunâtre, auréolée de brun ; une grande tache jaune brunâtre occupe l'angle apical de l'espace médian ; rayure post-médiane jaune brunâtre, bordée de brun des deux côtés ; espace anté-terminal gris violâtre ; espace terminal violâtre.

Aile postérieure : coloration glauque grisâtre passant au violâtre dans le tiers extérieur, œil rouge cerclé de noir et pupillé de blanc, tangent à une fine rayure sombre ; un peu au delà, une large bande sombre, festonnée du côté extérieur ; le reste de l'aile violâtre.

Face inférieure : grisâtre ; aile antérieure avec la marque fumeuse, rayure post-médiane concave, blanche, estompée de grisâtre ; aile postérieure avec un point noir auréolé de fauve sur le centre de l'œil et suivi d'une rayure blanche estompée de noirâtre au delà de laquelle l'aile présente une bande gris noirâtre et le reste gris jaunâtre.

Cette forme est-elle bien la femelle d'*A. abasia*? Elle s'en écarte par bien des caractères.

Stoll (suppl. *Cram Pap. Exot.*, pp. 79 et 17, fig. 1 et 2) a décrit la larve : « D'un beau violet avec une raie latérale d'un jaune d'or près des pattes. Tout le corps garni d'épines rameuses, très longues sur les trois premiers anneaux et sur le dernier, et assez courtes sur le reste du corps ; vit sur *Psidium pyriferum*. »

Coll. Ch. Oberthür.

Automeris Barii, BOISDUVAL.

Io Barii, Boisduval, *loc. cit.*. p. 246.

Habitat : Cayenne.

Envergure : mâle, 7 cm. ; femelle, 7 cm., pl. III, fig. 6.

Mâle. Tête et thorax brun marron, abdomen marron.

Aile antérieure : apex étiré en pointe, bord externe très convexe. Coloration foncière marron ; espace basilaire brun marron, séparé par une limite en zigzag de l'espace médian ; rayure extra-basilaire non saillante, espace médian marron clair ; marque petite, marron, bordée de noir ; rayure post-médiane rectiligne, formée de deux lignes noires, séparées par une étroite bande marron, aboutissant très près de l'apex ; le reste de l'aile marron foncé.

Aile postérieure : disque gris marron, couvert de poils gris noirs à la base et le long du bord interne ; œil petit, rouge brun, pupillé de blanc et cerclé de noir ; au delà, une première rayure mince, grise, puis une seconde, plus large, surtout dans sa moitié interne ; le reste de l'aile marron grisâtre.

Face inférieure roux très clair ; marque jaunâtre, rayure double ; œil représenté par un point jaunâtre peu saillant.

Femelle. Marron clair ; rayures très obsolètes sur les ailes postérieures où elles se soudent pour former une bande gris marron qui s'élargit graduellement d'avant en arrière.

Coll. Ch. Oberthür.

Automeris Anableps, FELDER, *Reise de Novara*, Bnd II, Abth 2, pl. 89, fig. 7.

Io Anableps, Boisduval, *loc. cit.*, p. 244.

Habitat : Mexique, Bogota, Equateur.

Envergure : femelle, 9 cm. 1/2, pl. III, fig. 7.

Femelle. Tête et thorax brun violâtre, abdomen plus clair.

Aile antérieure : bien falquée, apex étiré en pointe ; coloration brun violâtre ; espace basilaire très sombre ; rayure extra-basilaire sinuée, peu apparente ; marque arrondie, bordée de clair, une tache pyriforme glauque dans l'angle apical de l'espace médian ; rayure post-médiane presque droite, se perdant dans la pointe apicale, noire, lisérée de jaune testacé ; espace antéterminal un peu plus foncé que l'espace terminal.

Aile postérieure : disque glauque, couvert sur toute sa base de poils grisâtres ainsi que le long des bords antérieurs et postérieurs ; œil grand, rouge, cerclé de noir à pupille rosée avec deux points noirs au centre ; le reste de l'œil brun glauque avec deux bandes arrondies grisâtres dont la première est plus étroite que la seconde.

Face inférieure : brun noirâtre ; aile antérieure avec la marque arrondie, noire intense, et la rayure post-médiane blanche ; aile inférieure coupée par une rayure blanche, droite, allant de l'angle anal au bord extérieur.

Coll. Ch. Oberthür.

Automeris Pandarus, Boisd.

Io pandarus, Boisd. *loc. cit.*, p. 245.

Habitat : Brésil.

Envergure : mâle, 6 cm., pl. IV, fig. 1.

Mâle. Tête et thorax marrons, abdomen plus clair.

Aile antérieure : bord externe très convexe. Coloration foncière brun marron, plus foncé le long du bord costal ; espace basilaire brun, plus foncé en dessus de la nervure radiale ; rayure extra-basilaire très anguleuse, claire, bordée de marron, obsolète au-dessus de la nervure cubitale ; espace médian marron, partiellement couvert de litures plus foncées, marque non apparente ; rayure post-médiane formée, au-dessus de la radiale, d'une ligne circonvolutionnée, brune et, au-dessous, de deux minces lignes brunes, presque droites, séparées par une mince bande marron ; le reste de l'aile marron avec une rayure subterminale, en zigzag, brune, peu visible.

Aile postérieure : coloration foncière glauque couverte de poils marrons sur la base et contre le bord interne ; œil rouge, pupille rosée avec deux points noirs adjacents, cercle noir ; au delà, une première rayure arrondie, marron, tangente à l'œil, puis une seconde rayure marron, plus large ; le reste de l'aile marron foncé, s'éclaircissant en allant vers la frange.

Face inférieure : roussâtre, marque noire à petite pupille blanche ; œil représenté par un très petit point blanchâtre, peu apparent, une rayure transversale un peu jaunâtre va de l'angle anal au bord antérieur des ailes inférieures.

Coll. Ch. Oberthür.

SATURNIENS

Fig. 1.

Fig. 2.

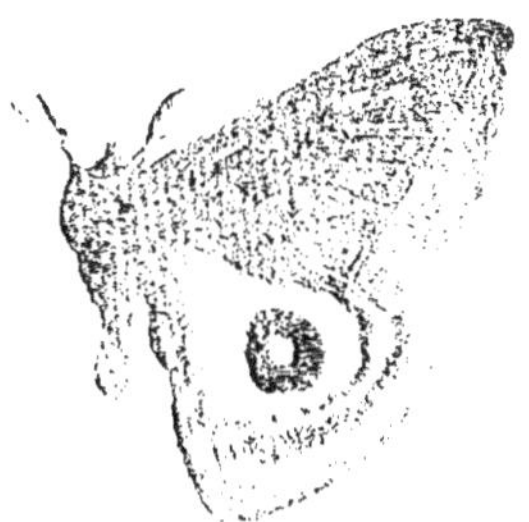

Fig. 3.

Fig. 4.

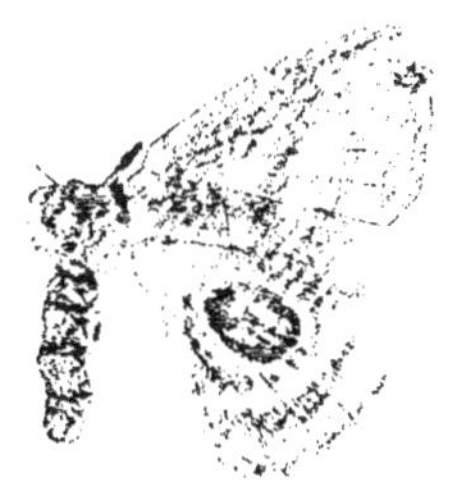

Fig. 5.

Fig. 6.

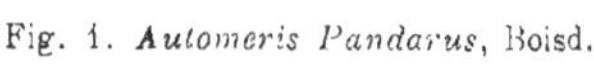

Fig. 1. *Automeris Pandarus*, Boisd.   Fig. 4. *Automeris Irmina*, Cram.
Fig. 2.   —   *Theseus*, Boisd.   Fig. 5.   —   *pericinctus*, n. sp.
Fig. 3.   —   *Pyrrhomelas*, Walk.   Fig. 6.   —   *Auletes*, Boisd.

Automeris Theseus, Boisd.

Io Theseus, Boisd., *op. cit.*, p. 245.

Habitat : inconnu.

Envergure : mâle, 6 cm., pl. IV, fig. 2.

Mâle. Tête et thorax bruns, abdomen marron.

Aile antérieure : apex pointu. Coloration foncière brun marron ; espace basilaire brunâtre, rayure extra-basilaire un peu plus foncée, anguleuse ; espace médian marron, partiellement couvert de litures brunâtres, marque en forme de petite tache foncée ; rayure post-médiane noire, aboutissant à l'apex, espace antéterminal grisâtre, espace terminal marron.

Aile postérieure : coloration foncière glauque, couverte de poils marrons sur la portion basale, le bord antérieur et le bord interne ; œil moyen rougeâtre, pupille rose avec un point central noir, cercle noir ; au delà, une première rayure droite, arrondie, gris noir, puis une seconde semblable, mais plus large, limitant le disque glauque ; le reste de l'aile marron.

Face inférieure jaunâtre ; aile antérieure avec la marque formant une petite tache noire et une rayure externe jaunâtre ; aile postérieure avec l'œil représenté par un point noir légèrement cerclé de blanc, une rayure blanc jaunâtre allant de l'angle anal au bord extérieur.

Coll. Ch. Oberthür.

Automeris Pyrrhomelas, Walker.

Hyperchiria Pyrrhomelas, Walk., *Cat. Lep. Brit. Museum*, 1891.

Habitat : Santa-Fé de Bogota.

Envergure : mâle, 7 cm.. pl. IV, fig. 3.

Mâle. Tête et thorax noirs, antennes fauves, abdomen brun fauve.

Aile antérieure : coloration foncière brun noir allant en s'éclaircissant ; espace basilaire non délimité, marque ronde, de la couleur foncière, cerclée de jaunâtre ; rayure post-médiane festonnée, jaunâtre, l'espace au delà cendré clair, se terminant un peu avant l'apex ; frange brunâtre.

Aile postérieure : Coloration foncière glauque, couverte à la base et contre le bord interne de longs poils noirs, et sur le reste de poils gris et roses entremêlés ; œil moyen, rouge, largement cerclé de brun noir, pupillé de blanc ; au delà, une première rayure arrondie, brun noir, large contre le bord antérieur, allant en se rétrécissant vers le bord interne ; un peu plus loin, une seconde rayure large, arrondie, brune ; le reste de l'aile glacé de blanchâtre ; frange brune.

Muséum d'Oxford.

Automeris Irmina, CRAMER, *Pap. exot.*, pl. 355, C. D.

Io Irmina, Boisduval, *loc. cit.*, p. 245.

Habitat : Brésil.

Envergure : mâle, 6 cm. pl. IV, fig. 4.

Mâle. Tête et thorax brunâtres, abdomen roux.

Aile antérieure : apex en pointe faible. Coloration foncière brun roussâtre ; espace basilaire brunâtre ; rayure extra-basilaire très dentelée en dessous de la nervure radiale ; espace médian brunâtre glacé de violâtre sur ses deux tiers antérieurs, marque blanchâtre, arrondie, pupillée de brun ; rayure post-médiane légèrement concave formée de deux minces lignes noires séparées par un peu de jaunâtre, la ligne interne étant la mieux marquée et bordée intérieurement de quelques écailles blanches ; espace antéterminal brun canelle, rayure subterminale sinuée, noire, obsolète ; espace terminal brun cannelle.

Aile postérieure : coloration foncière brun canelle couverte de poils gris à la base et sur la moitié interne du disque ; œil rouge, pupillé de blanc et cerclé de noir ; au delà, une première rayure sombre, tangente à l'œil, puis une deuxième allant en s'élargissant d'avant en arrière ; le reste de l'aile brun cannelle ; frange un peu plus foncée.

Face inférieure : aile antérieure gris rosâtre, marque représentée par une petite tache fumeuse ; au delà, une rayure blanche ; aile postérieure de même couleur, œil représenté par un très petit point noir largement cerclé de roux avec, au delà, une rayure blanche bordée extérieurement de brun roux, le reste roussâtre.

Coll. Ch. Oberthür, Laboratoire.

Automeris pericinctus, *n. sp.*

Habitat : Guyane française.

Envergure : mâle, 6 cm. 1/2, pl. IV, fig. 5.

Aile antérieure : coloration foncière brun violâtre, insertion blanc jaunâtre ; espace basilaire couvert de poils violâtres surtout près de l'insertion ; rayure extra-basilaire peu apparente, droite, brune ; espace médian brun violâtre ; marque ovale, très grande, voisine de la rayure extra-basilaire, brun verdâtre à pupille allongée, violacée ; rayure post-médiane large, aboutissant très loin de l'apex, brun verdâtre, obsolète en avant ; tout le reste de l'aile violâtre coupé d'abord par une vague rayure plus foncée, puis par une rayure subterminale, sinuée, noire, obsolète.

Aile postérieure glauque ; disque recouvert de poils gris noirs ; œil très allongé dans le sens longitudinal, rouge brique, cerclé de noir, la pupille est un très petit point blanc proche du bord interne de l'œil ; au delà, une rayure arrondie, noirâtre, très voisine de l'œil puis, plus loin, une large rayure parallèle à la précédente, allant en s'élargissant d'avant en arrière ; le reste de l'aile violacé, frange brune ; une bande sombre tend à entourer l'œil en avant.

Face inférieure : corps gris roux ; aile antérieure gris violâtre, marque noire, ronde, à pupille blanche, avec, au delà, deux rayures foncées ; ailes postérieures gris roussâtre ; l'œil paraît en brique, la pupille en blanc ; l'œil est coupé par une rayure brune, avec, plus loin, une rayure de même couleur, sinuée, estompée intérieurement de violâtre ; le reste de l'aile roussâtre foncé.

L'échantillon représenté est unique, il appartient à la collection Ch. Oberthür.

Rapports et différences. Espèce voisine d'*Irmina*, dont elle diffère par la taille et les dessins.

Automeris Auletes.

Io auletes, Boisduval, *in Herrich. Schæffer Exot. Schm.*, 96, 97.
Io auletes, Boisduval, *loc. cit.*, p. 241.

Habitat : Surinam.
Envergure : femelle, 10 cm., pl. IV, fig. 6.
Femelle. Tête et thorax marrons, abdomen jaune avec, sur chaque anneau, une raie noire largement bordée de brun, rouge du côté postérieur.

Aile antérieure : apex effilé. Coloration foncière verdâtre, rayure extra-basilaire en zigzag ; espace médian un peu plus foncé, marque grande, ovale, violâtre, renfermant un anneau gris noir estompé et une pupille de même couleur ; rayure post-médiane concave, obsolète vers l'apex, gris violâtre ; le reste de l'aile verdâtre avec une rayure subterminale gris violâtre et une tache pyriforme sous l'apex, violâtre, bordée inférieurement de gris noir. Les nervures sont semées de points noirs auréolés de violâtre.

Aile postérieure : grise, couverte de poils roux sur toute la base, les bords antérieurs et postérieurs ; œil moyen, rouge brun, à petite pupille blanche, cerclc noir ; au delà, une première rayure arrondie, noirâtre, puis une seconde plus obsolète, frange grisâtre.

Je rapporte avec hésitation cette espèce, vue dans la collection Ch. Oberthür, à l'espèce type de Boisduval, dont elle diffère par de nombreux caractères. Malheureusement, cette dernière a été détruite et toute comparaison rigoureuse est rendue impossible.

Coll. Ch. Oberthür.

Automeris caudatula, Felder.

> **A. Caudatula**, Felder, *Novara exped. Zool.*, Bnd. II, pl. 91, fig. 1.
> **Io caudatula**, Boisduval, *op. cit.*, p. 230.

Habitat : Amérique centrale.

Envergure : mâle, 6 cm. ; femelle, 8 cm., pl. V, fig. 2 et 3.

Mâle. Tête et thorax verdâtres, abdomen jaune avec des bandes noires sur les anneaux.

Aile antérieure : bord externe dentelé. Coloration foncière verdâtre, des points blancs sur les nervures supérieures et noirs bordés de blanc sur les nervures inférieures ; espace basilaire un peu plus foncé dans ses deux tiers antérieurs ; rayure extra-basilaire sinuée, blanche ; espace médian plus grisâtre, marque ovale, allongée dans le sens transversal, cerclée de blanc, un trait blanc au centre ; rayure post-médiane droite, obsolète avant l'apex, blanche, espaces antéterminal et subterminal gris verdâtre.

Aile postérieure : bord externe dentelé, une dent très saillante formant un prolongement caudal à l'angle interne. Coloration foncière rouge ; œil petit, grenat, cerclé de noir et pupillé de blanc ; au delà, deux rayures noires, arquées, dont la seconde, plus large, légèrement ondulée, faiblement bordée de rouge du côté externe ; le reste de l'aile gris verdâtre.

Femelle. Diffère surtout du mâle par sa grande taille et la dentelure des ailes antérieures plus prononcée surtout en dessous de l'apex.

Coll. Ch. Oberthür.

SATURNIENS

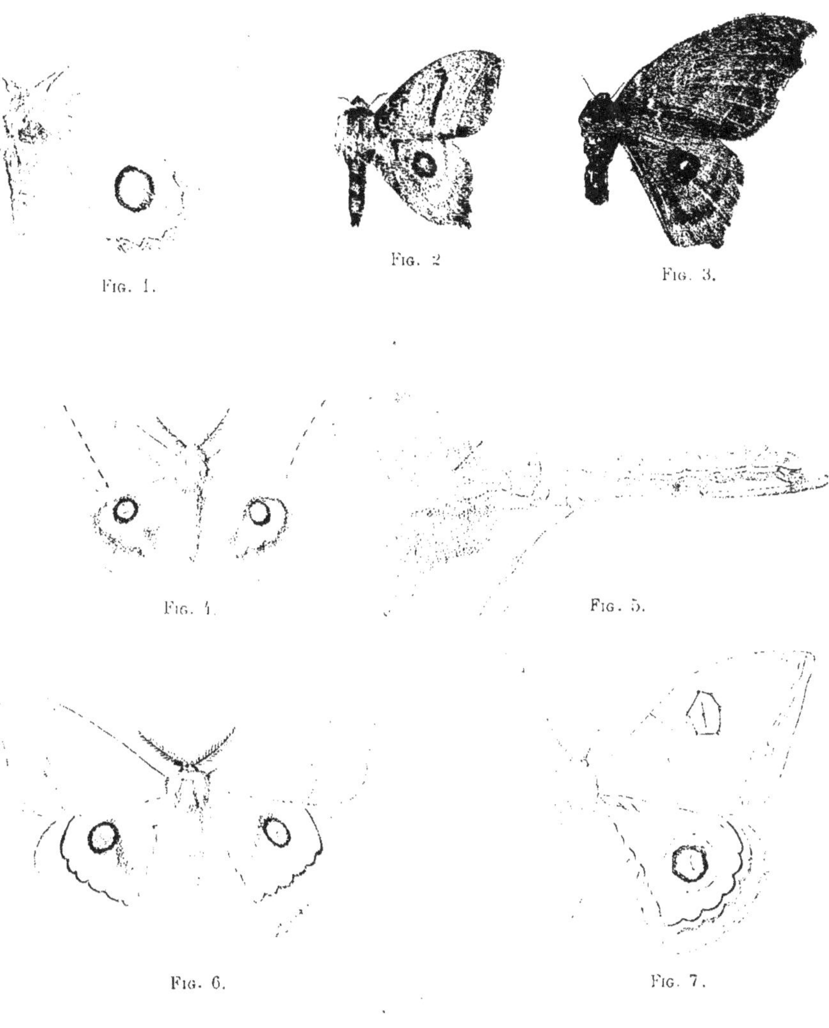

Fig. 1. *Automeris submaculata*, Walk.
Fig. 2.   —   *caudatula*, Felder, mâle.
Fig. 3.   —   *caudatula*, Felder, femelle.
Fig. 4.   —   *Gayi*, Boisd.
Fig. 5. *Automeris Lucasii*, Boisd, chenille.
Fig. 6.   —   *Lucasii*, Lucas.
Fig. 7.   —   *Midea*, Maas et Weym.

Automeris Midea, Maas et Weym.

Hyperchiria Midea, Maas et Weym, *Beiträge zur Schmetterlingskunde*, fig. 126. *Elberfeld, Januar,* 1872.

Habitat : inconnu.

Envergure : mâle, 9 cm., pl. V, fig. 7.

Mâle. Tête et thorax brun rouge, antennes testacées, abdomen grisâtre et brun rouge en dessus.

Aile antérieure à bord costal convexe, apex pointu. Coloration foncière brune, une petite tache blanche en avant de l'insertion ; espace basilaire brun, rayure extra-basilaire en zigzag, jaune verdâtre ; espace médian brun, coupé obliquement par deux bandes blanchâtres, dont une occupe l'angle antérieur ; marque couverte par une dilatation de la première bande oblique, grande, hexagonale, bordée de noir, à sommets marqués d'un point noir ; rayure post-médiane droite, aboutissant avant l'apex, jaune ; rayure subterminale droite, jaunâtre.

Aile postérieure : coloration foncière brune, brun rouge sur tout le centre du disque et le milieu de l'insertion ; œil brun rouge cerclé de noir, puis de jaune, pupille allongée blanche ; au delà, une première rayure arrondie, mince, festonnée, noire, bordée intérieurement de jaune, le reste de l'aile brun plus foncé vers la frange ; une rayure plus foncée, très voisine de la première, est parallèle à celle-ci, mais non festonnée.

Automeris submaculata, Walker.

Hyperchiria submaculata. Walk., *Cat. Lep. B. M.*, p. 1303, 1855.

Habitat : Brésil.

Envergure : mâle, 8 cm., pl. V, fig. 1.

Mâle. Tête et thorax brun clair ; antennes et abdomen brun rouge.

Aile antérieure : apex bien arrondi, bord externe convexe. Coloration uniforme, brune ; rayure extra-basilaire peu visible, coudée, claire ; marque indiquée par une bordure claire peu visible, polygonale, un trait clair au centre ; rayure post-médiane légèrement festonnée, claire, peu nette, aboutissant à l'apex.

Aile postérieure : glauque très clair ; œil grand, brun clair, cerclé de gris bleuâtre, puis de noir et pupillé de blanc ; au delà, une rayure arrondie, festonnée, noire ; des macules grisâtres sur le disque entre cette rayure et l'œil ; le reste de l'œil glauque clair avec une bande festonnée gris bleuâtre ; frange brune.

Face inférieure : pas d'ocelle ni de rayure.

D'après un exemplaire très frotté du Muséum d'Oxford.

Automeris Lucasii, Boisd.

Io Lucasii, Boisd., *op. cit.*, p. 222, pl. IV, fig. 2.

Habitat : Chili.

Envergure : mâle, 5 cm., pl. V, fig. 5 et 6.

Mâle. Corps gris jaunâtre, antennes jaunâtres.

Aile antérieure : bords droits, apex obtus. Coloration foncière gris jaunâtre ; espace basilaire un peu plus foncé ; rayure extra-basilaire large, oblique, sinuée, rougeâtre ; marque en forme de lunule rougeâtre, rayure post-médiane noirâtre, concave, se terminant à l'apex ; espaces antéterminal et terminal non délimités, jaune rougeâtre, avec les nervures se détachant en jaunâtre.

Aile postérieure : jaune d'ocre avec un petit œil discoïdal rouge cerclé de noir et pupillé de blanc, une large rayure arrondie festonnée noire encercle l'œil et revient par-dessus lui jusque sur le bord abdominal, formant une boucle ; le reste de l'aile est brun jaunâtre.

Face inférieure : jaune d'ocre ; aile antérieure avec une marque arrondie rouge, cerclée de noir et pupillée de blanc et, au delà, une rayure oblique noire ; aile postérieure avec une petite tache arrondie, blanche, cerclée de rouge et suivie d'une rayure étroite, noirâtre.

Automeris Gayi, Lucas.

Io Gayi, Boisd., *loc. cit.*, p 222, pl. IV, fig. 3.

Habitat : Chili.

Envergure : mâle, 6 cm. 1/4, pl. V, fig. 4.

Mâle. Corps jaune d'ocre couvert de poils brunâtres, antennes brunâtres.

Aile antérieure : les trois bords sont très droits, l'apex mousse. Coloration foncière jaune d'ocre ; espace basilaire avec quelques écailles roussâtres, pas de rayure extra-basilaire ; marque en forme de lunule

rougâtre peu apparente ; rayure post-médiane rougeâtre pâle, légèrement sinueuse en arrière.

Aile postérieure : coloration jaune d'ocre ; œil rouge, cerclé de noir,
pupille blanche, obsolète ; de l'extrémité basale de l'œil part une
fascie de poils gris noirâtre se dirigeant vers le bord postérieur ; au
delà, une rayure arrondie, festonnée, noirâtre.

Face inférieure : aile antérieure avec une marque ronde, rouge, cerclée de noir et, au delà, une rayure oblique, brune ; aile postérieure
avec un point blanc correspondant au centre de l'œil.

Coll. Ch. Oberthür.

Automeris griseoflava, Phil.

Hyperchiria Griseoflava, Philipi, *Linnea Ent.*, XIV, 276, n° 14, 1860.
—   —   *Nosat sobrelos Lepidopteros de Chile* p. 17.

Habitat : Chili.

Envergure : femelle, 7 cm. ; mâle, 5 cm., pl. VI, fig. 1.

Femelle. Tête et thorax gris jaunâtre, antennes testacées, abdomen
gris roussâtre.

Aile antérieure : apex obtus, bord externe faiblement convexe. Coloration foncière uniforme, gris violâtre ; espace basilaire abondam-
ment couvert de poils rosâtres, rayure extra-basilaire non visible, marque formée de deux points rouges superposés et séparés l'un de l'autre ; rayure post-médiane fortement concave à la base, fine, grisâtre,
obsolète vers l'apex ; le reste de l'aile uniforme ; frange jaunâtre.

Aile postérieure : coloration jaune grisâtre ; œil petit, rouge, cerclé
de noir et pupillé de blanc ; au delà, une large rayure roux violâtre
tangente à l'œil et tendant à l'entourer ; le reste de l'aile partiellement
recouvert de violâtre ; frange jaune.

Face inférieure : gris rosâtre ; les deux ailes plus rouges vers la
côte ; aile antérieure avec la marque rouge auréolée de noirâtre et une
rayure post-médiane brun rouge ; aile postérieure avec un gros point
blanc auréolé de brun rouge, correspondant au centre de l'œil.

Mâle. Diffère de la femelle par sa taille, sa coloration foncière plus
grisâtre, la rayure post-médiane plus large, le jaune de l'aile postérieure localisé autour de l'œil et enfin la rayure arrondie de cette aile
non tangente à l'œil.

Coll. Ch. Oberthür, Laboratoire.

L'étude des matériaux mis obligeamment à ma disposition au British Museum m'a conduit à considérer quatre espèces comme des variétés de *A. Griseoflava*. C'est par mélanisme que cette espèce fournit successivement *A. Acharon Butl*, *A. debilis Butl*, *A. erythrea Phil* et, enfin, *A. olivacea Butl* ; cette dernière étant une variété tout à fait sombre.

Var. **Acharon,** Butler, *Trans. Ent. Soc.*, 1882, p. 21.

Mâle. Corps ocracé ; aile antérieure gris verdâtre avec une teinte rougeâtre peu marquée ; côte et frange amarante ; marque rouge.

Var. **debilis,** Butl., *Trans. Ent. Soc.*, 1882, p. 21.

Coloration foncière plus amarante.

Var. **Erythrea,** Phil., *Annales Univ. Chil,*, 1859, p. 1098. Izquierdo, *op. cit.*, lam. I, fig. 10 ♀.

Pl. VI, fig. 3.
Coloration foncière rouge cinabre ; marque en forme de tache discoïdale rouge pupillée de blanc.

Var. **Olivacea,** Butl., *Trans. Ent. Soc.*, 1882, p. 20.

Coloration olivâtre des ailes antérieures.
Larve longue de 4 centimètres et demi, sépia ; sur la face dorsale quatre lignes de couleur blanche, les deux centrales rapprochées, les latérales à 2 millimètres des autres. Sur les côtés, sur les stigmates, se trouve une ligne ondulée ou en zigzag de couleur jaune orangé. En dessous des stigmates, il existe une autre ligne semblable. Le ventre et les pattes ont une couleur plus claire avec une teinte verdâtre.
Sur *Fagus pumilis*.

Automeris Erythrops, Blanch.

Io Erythrops, Blanch., *Historia fisica y politica de Chile*, por Claudio Gay. *Zoologia,* t. 7, p. 59, MDCCCLII. Atlas, lam. 4, fig. 2.

Habitat : Chili.
Envergure : mâle, 7 cm. 1/2, pl. VI, fig. 2.
Mâle. Corps brun jaunâtre.

SATURNIENS

Fig. 1.

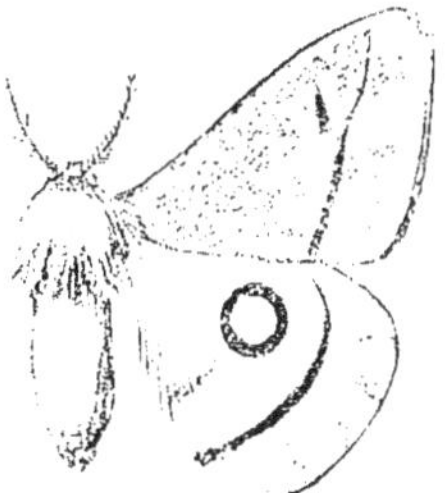

Fig. 2.

Fig. 3.

Fig. 4.

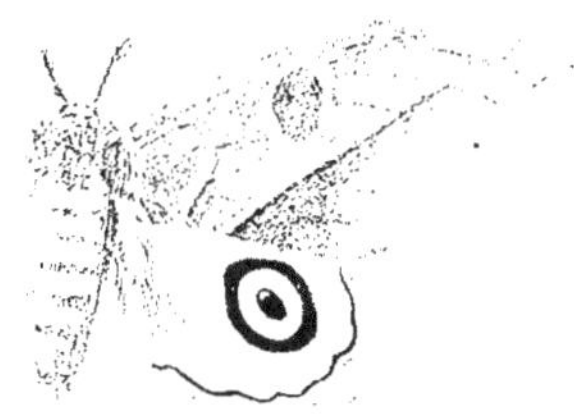

Fig. 5.

Fig. 6.

Fig. 7.

Fig. 1. *Automeris griseoflava*, Phil.
Fig. 2.   —   *erythrops*, Blanch.
Fig. 3.   —   *griscoflava*, var. *Erythrea*, Phil
Fig. 4.   —   *microphtalma*, Isquierdo.

Fig. 5. *Automeris saturata*, Walk.
Fig. 6.   —   *Schausii*, Edw.
Fig. 7.   —   *Schausii*, Edw., mâle.

Aile antérieure : bord antérieur droit, apex bien arrondi. Coloration foncière brun jaunâtre passant au jaunâtre vers le bord externe ; espace basilaire non délimité, marque petite, allongée, brun rouge, rayure post-médiane se perdant avant l'apex, brun rouge, frange brun jaunâtre.

Aile postérieure : coloration foncière jaune plus claire dans la moitié basale ; de larges bandes brunâtre clair, sur chaque nervure dans la moitié distale ; œil moyen, rouge cerclé de noir et pupillé de blanc, une fascie brun rouge s'étendant au-dessous de l'œil jusque contre le bord interne ; au delà, une rayure arrondie brunâtre qui va en s'amincissant d'arrière en avant ; frange jaune.

Coll. Laboratoire.

Automeris microphtalma, IZQUIERDO.

> **Hyperchiria microphtalma.** *Hyperchiria Monograph.*, *Ann. Univ. Chili*,
> p. 16, pl. II, fig. 4.

Habitat : Chili.

Envergure : 7 cm., pl. VI, fig. 4.

Femelle. Corps couvert de poils jaune sale, le thorax de poils longs et souples jaune d'or.

Aile antérieure : coloration fauve sombre, avec les dessins ordinaires comme *Io erythrops* de Blanchard ; marque très petite ; rayure post-médiane curviligne, brun pourpre, se terminant à l'apex.

Aile postérieure : œil plus petit que dans *A. Gayi* ; tout noir ou noir pupillé de blanc ; une rayure arrondie, brun pourpre, tendant à revenir en avant de l'œil.

Face inférieure ; moins obscure que la face supérieure ; les ailes antérieures avec une rayure pourpre obscure qui se continue sur les ailes inférieures.

Automeris Schausii, EDW.

> **Hyperchiria Schausii**, H. Edw., *Papilio*, IV, p. 16 ♂, ♀ .

Habitat : Mexico.

Envergure : femelle, 11 cm. ; mâle, 9 cm., pl. VI, fig. 6 et 7.

Femelle. Tête et thorax brun rose, antennes brunes, abdomen brun rose clair avec des poils gris en dessus.

Aile antérieure : non falquée, apex obtus. Coloration foncière brun rosâtre, rayure extra-basilaire jaunâtre bordée intérieurement de noirâtre ; marque grande, ovale, brun noirâtre, cerclée de jaunâtre ; rayure post-médiane rectiligne, jaunâtre, bordée extérieurement de noirâtre ; le reste de l'aile uniforme.

Aile postérieure : disque jaune d'or recouvert sur la base et les bords antérieur et postérieur de poils grisâtres ; œil grand, rouge vineux, cerclé de noir, à pupille noire semée d'écailles blanches ; bien au delà, une rayure arrondie, festonnée, noire, limite le disque ; le reste de l'aile jaune plus clair avec une bande arrondie, rose, parallèle à la rayure et très proche de celle-ci.

Mâle. Coloration foncière bien plus sombre que chez la femelle ; aile antérieure falquée, les divers dessins moins apparents.

Coll. Laboratoire.

Automeris saturata, WALK.

Hyperchyria saturata, Walk., *Cat. Lep. B. M* , p. 1282.

Habitat : Mexico.

Envergure : mâle, 9 cm. ; femelle, 10 cm., pl. VI, fig. 5.

Mâle. Tête, thorax et abdomen brun sombre ; antennes jaune verdâtre.

Aile antérieure : légèrement falquée, apex pointu. Coloration foncière brun grisâtre ; espace basilaire brun grisâtre dans sa moitié supérieure et brun roux dans sa moitié inférieure ; rayure extra-basilaire peu indiquée, noirâtre, blanche sur sa moitié inférieure ; marque oblongue, brun rouge, bordée de jaunâtre ; rayure post-médiane rectiligne, n'atteignant pas l'apex, blanchâtre bordée de sombre ; espace antéterminal un peu plus brun que l'espace terminal.

Aile postérieure : disque jaune d'or couvert de poils noirâtres sur sa base et son bord postérieur ; œil grand, oblong, rouge vineux, cerclé de noir ; grosse pupille noire avec un court trait blanc à une extrémité ; au delà, une fine rayure arrondie, légèrement festonnée, noire ; le reste de l'aile jaunâtre avec une bande arrondie, festonnée, brunâtre, bord grisâtre.

D'après Druce, *Biol. Centr. Amer. Lep.*, tab. 7, fig. 9.

Automeris fumata, Boisd.

Io Fumata, Boisd., *loc. cit.*, p. 232.
Hyperchyria fumata, Felder, *Reise de Novara*, Bnd. II, Abt. 2, pl. 89,
fig. 5.

Habitat : Brésil.
Envergure : mâle, 7 cm. 1/2 ; femelle, 9 cm. 1/2, pl. VII, fig. 1.
Mâle. Tête, thorax et abdomen brun noir, antennes brunes.

Aile antérieure : un peu falquée, apex obtus. Coloration foncière
marron ; rayure extra-basilaire claire, peu apparente ; marque jaunâtre glauque ; ovale ; rayure post-médiane curviligne, se terminant
à l'apex, jaunâtre glauque ; espace antéterminal plus foncé que l'espace terminal qui est gris.

Aile postérieure : brun rougeâtre uniforme ; œil rouge cerclé de noir
puis de jaune et pupillé de noir semé d'écailles blanches ; au delà,
une rayure sombre très obsolète, anguleuse.

Face inférieure : rouge marron avec l'extrémité grisâtre ; marque
noire pupillée de blanc, un point blanc au centre de l'œil.

Femelle. Corps brun noirâtre. Aile antérieure non falquée, brunâtre ; toutes les rayures plus visibles que chez le mâle ; face inférieure des deux ailes grisâtre.

Coll. Ch. Oberthür.

Automeris fusca, Walk.

Hyperchiria fusca, Walk., *Cat. Lep. B. M.*, p. 1288.

Habitat : Amérique du Sud.
Envergure : mâle, 9 cm., pl. VII, fig. 2.
Mâle. Tête et thorax brun sombre, antennes brunes, abdomen brun
clair, rayé de noir.

Aile antérieure : longue et bien falquée, apex obtus. Coloration foncière brune ; rayure extra-basilaire curviligne, jaune bordé de brun
des deux côtés ; marque ovale, grande, brun foncé cerclé de clair ;
rayure post-médiane légèrement ondulée, se terminant près de l'apex,
brun noir bordé intérieurement de jaune; espace antéterminal brun
sombre, espace terminal brun.

Aile postérieure : disque gris presque entièrement couvert de poils

noirs depuis la base jusque contre l'œil ; œil grand, rouge, cerclé de
noir puis de jaune et pupillé de noir renfermant un trait blanc en
demi-cercle ; au delà, une rayure festonnée noire limite le disque ;
le reste de l'aile brun clair avec, au milieu, une bande arrondie
festonnée plus foncée.

Face inférieure : aile antérieure avec une grosse marque arrondie
noire pupillée de blanc ; aile postérieure avec un point blanc au centre
de l'œil.

Femelle. Plus claire que le mâle.

Coll. British Museum.

Automeris Norcestes, Boisd.

Io Norcestes, Boisd., *op. cit.*, p. 232.

Habitat : Brésil.

Envergure : 7 cm., pl. VII, fig. 3.

Mâle. Tête, thorax et abdomen marron foncé, antennes brunes.

Aile antérieure : falquée, apex pointu. Coloration foncière marron
roussâtre ; rayure extra-basilaire fine, sinuée, jaunâtre ; marque petite, ovale, claire ; rayure post-médiane fine, presque droite, jaunâtre,
se terminant à une petite distance de l'apex ; bord ardoisé.

Aile postérieure : marron ; œil grand, brun rouge, largement cerclé de noir bordé extérieurement de jaune ; pupille noire arrosée
d'écailles blanches ; au delà, une fine rayure noire, peu festonnée, tangente à l'œil.

Face inférieure : roux clair ; aile antérieure avec extrémité grisâtre
et la marque noire pupillée de blanc, rayure post-médiane noire ; aile
postérieure avec un point blanc correspondant au centre de l'œil.

Coll. Ch. Oberthür.

Automeris cinerea, Walk.

Hyperchiria cinerea, Walk., *Cat. Lep. B. M.*, p. 1301.

Habitat : Brésil.

Envergure : femelle, 10 cm. 1/2, pl. VII, fig. 4.

Femelle. Tête et thorax brun très clair recouverts de poils violâtres ;
antennes brunes ; abdomen gris verdâtre.

Aile antérieure : allongée, apex obtu. Coloration foncière roux violâtre ; espace basilaire plus foncé ; rayure extra-basilaire très sinuée,

SATURNIENS

Fig. 1.

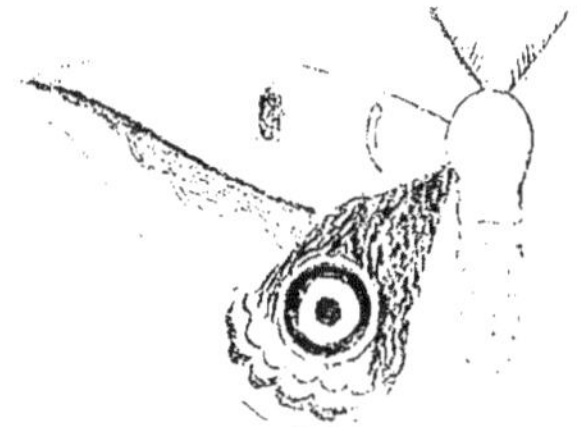

Fig. 2.

Fig. 3.

Fig. 4.

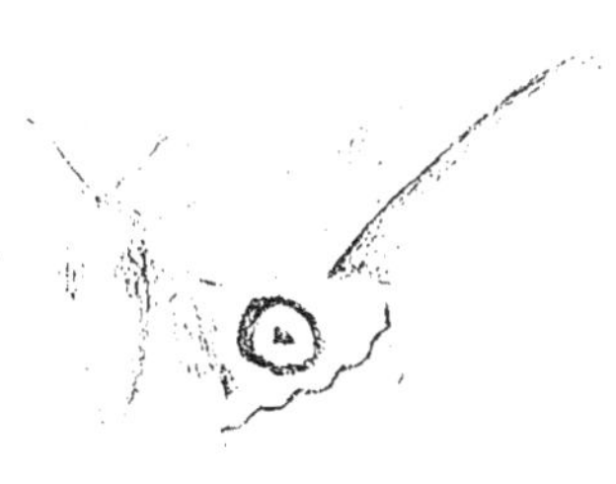

Fig. 5.

Fig. 6.

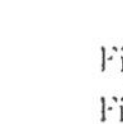

Fig. 1. *Automeris fumata*, Boisd.   Fig. 4. *Automeris cinerea*, Walk.
Fig. 2.   —   *fusca*, Walk.   Fig. 5.   -   *Janeira*, Walk.
Fig. 3.   —   *Norcestes*. Boisd.   Fig. 6.   --   *crudelis*, Maas et Weym.

jaunâtre, marque arrondie, jaunâtre, très proche de la rayure post-médiane ; celle-ci jaunâtre, presque rectiligne, se terminant à l'apex ; espace antéterminal plus foncé que l'espace terminal.

Aile postérieure : disque gris clair recouvert de poils violâtres ; œil rouge cerclé de noir puis de jaune et pupillé de noir ; au delà, une fine rayure arrondie, festonnée, noire, bordée intérieurement de jaune, limite le disque ; le reste de l'aile violâtre dans sa moitié interne, grisâtre dans l'autre.

Face inférieure : marque noire pupillée de blanc ; centre de l'œil représenté par une tache blanche auréolée de blanc.

Museum d'Oxford.

Automeris Janeira, WESTW.

Saturnia Janeira, Westwood, *Proc. Zool. Soc. London*, 1853, t. XXXIII, p. 164, fig. 3.
Hyperchiria Janeira, Walk., *Cat. Lep. B. M.*, p. 1304, 1855.

Habitat : inconnu.

Envergure : mâle, 9 cm., pl. VII, fig. 5.

Mâle. Corps et antennes brun marron.

Aile antérieure : étroite et très falquée ; apex allongé. Coloration foncière brune ; rayure extra-basilaire blanchâtre, fine, à grosses sinuosités ; marque brune, ovale, cerclée de blanchâtre, avec un petit trait blanchâtre au centre ; rayure post-médiane aboutissant à l'apex, blanchâtre ; espace antéterminal brun sombre, espace terminal brun gris.

Aile postérieure : disque rouge brique couvert de poils grisâtres sur sa portion basale et le long du bord postérieur ; œil grand, rouge brique, cerclé de noir puis d'ocracé ; pupille noire bordée de traits blancs et couverte de quelques écailles blanches ; au delà, une rayure brunâtre, un peu festonnée, limite le disque ; le reste de l'aile brunâtre, plus foncé dans sa moitié interne.

Face inférieure : coloration roux brique ; aile antérieure gris violâtre sur sa portion distale, marque noire pupillée de blanc ; aile postérieure avec un petit trait blanc auréolé de brique foncé, correspondant au centre de l'œil ; région distale violâtre.

Coll. British Museum.

Automeris crudelis, Maas et Weym, *Beiträg. zur Schmett.*,
fig. 117.

Habitat : Mexico, Guatemala, Nicaragua, Costa-Rica.
Envergure : mâle, 6 cm., pl. VII, fig. 6.
Mâle. Tête et thorax marrons, antennes marrons, abdomen marron
avec des poils rouges à la base et à l'extrémité postérieure.

Aile antérieure : coloration foncière marron ; espace basilaire marron foncé ; rayure extra-basilaire grisâtre, faiblement ondulée ; espace
médian avec la marque à bord externe anguleux, grisâtre ; rayure post-
médiane concave, aboutissant loin de l'apex, grisâtre; espace antéterminal marron plus foncé que le fond, séparé par une limite bosselée de l'espace terminal marron clair, frange marron.

Aile postérieure : disque rose couvert de longs poils rouges ; œil
arrondi, marron, pupillé d'écailles blanches, largement cerclé de noir ;
au delà, une rayure arrondie, noire, limite le disque ; le reste de l'aile
marron avec une bande large, arrondie, grisâtre, parallèle à la
rayure.

Face inférieure : grisâtre ; marque à peine indiquée par un point ;
œil représenté par un petit trait blanc, avec une rayure très en arrière.

Coll. Ch. Oberthür.

Automeris rubicunda, Schaus, *On new species of Lepidoptera.*
Procceding of the Zoological Society of London, 1892.
Schaus, *American Lepidoptera*, Plate III, fig. 1.

Habitat : Pétropolis, Brésil.
Envergure : mâle, 6 cm., pl. VIII. fig. 1.
Mâle. Tête brun clair, antennes grisâtres, thorax foncé portant postérieurement de nombreux poils blancs, abdomen brun clair ou rougeâtre.

Aile antérieure : coloration foncière brune ; espace basilaire brun
clair, rayure extra-basilaire étroite, festonnée, noire, bordée intérieurement de clair ; espace médian grisâtre ; marque allongée, gris noir ;
rayure post-médiane festonnée au milieu, se terminant très loin de
l'apex, claire ; espace antéterminal brun foncé, séparé par une limite

droite de l'espace terminal qui est brun, avec une tache sombre, triangulaire, près de l'apex, contre le bord costal.

Aile postérieure : disque d'un rouge foncé, œil petit, marron, pupillé d'un point blanc, cerclé de noir ; au delà, une rayure arrondie, noire limitant le disque ; le reste de l'aile rose couvert partiellement par deux bandes arrondies, marrons, dont la seconde est tangente à la frange.

Face inférieure : aile antérieure jaunâtre, marque représentée par une grande tache noire contenant un point blanc et, au delà, une rayure brune. Aile postérieure brun rougeâtre fortement tachetée de noir ; œil représenté par un point blanc, une rayure transversale brune.

Automeris Bouvieri, *n. sp.*

Habitat : Brésil.

Envergure : mâle, 8 cm., pl. VIII, fig. 2.

Mâle. Tête et thorax bruns, antennes fauves, abdomen marron fauve.

Aile antérieure : légèrement falquée, apex très obtus. Coloration foncière marron ; espace basilaire marron clair, rayure extra-basilaire brisée, faisant un angle sur la nervure radiale, bordée de blanc près du bord costal ; espace médian brun foncé, avec une grande litura marron, partant de l'angle apical et couvrant le tiers supérieur de cet espace ; marque oblongue, marron, bordée de noir ; rayure post-médiane festonnée, aboutissant à distance de l'apex, noire, bordée extérieurement de brun ; le reste de l'aile marron, légèrement rosé, partiellement couvert de brun dans sa moitié inférieure, frange marron, brune sur les nervures.

Ailes postérieure : disque rose couvert de poils rouges ; œil ovale, brunâtre, pupillé de petites écailles blanches avec un trait blanc, cerclé de noir ; au delà, une rayure arrondie déjetée vers le bord costal, noire, limite le disque ; le reste de l'aile marron avec, au milieu, une bande transversale, parallèle à la rayure, plus large en arrière qu'en avant, rouge brun ; frange marron, brune sur les nervures.

Face inférieure : grisâtre, semée d'écailles brunes ; aile antérieure jaune clair le long du bord externe ; marque représentée par une grosse tache ovale, noire, avec une pupille excentrique, blanche, plus loin, une rayure festonnée, brune ; aile postérieure avec l'œil représenté par un point blanc, une rayure festonnée brune.

Rapports et différences. Cette belle espèce est tout à fait particulière. Je la dédie au savant professeur du Museum de Paris, à l'obligeance duquel je dois d'avoir pu en faire l'étude.

Museum de Paris.

Automeris Montezuma, Lucas.

Io Montezuma, Lucas.
         —   Boisd., *op. cit.*, p. 224.
A. Montezuma, Druce, t. I, p. 178 et t. II, p. 418.

Patrie : Mexique, Panama.

Envergure : mâle, 8 cm., pl. VIII, fig. 3.

Mâle. Tête et thorax bruns, antennes brun clair, abdomen brun rose avec des bandes transversales brunes sur chaque segment.

Aile antérieure : coloration foncière grise ; espace basilaire un peu plus foncé, rayure extra-basilaire très oblique, sinuée, brune ; espace médian un peu plus foncé dans la région apicale, marque grande, indiquée par cinq points noirâtres ; rayure post-médiane rectiligne, se terminant loin de la pointe apicale, brune ; espace antéterminal gris plus sombre séparé par une limite bosselée de l'espace terminal qui est gris.

Aile postérieure : disque rosé, couvert de poils roses sur la base et le bord postérieur ; œil moyen, rond, gris noir, pupillé d'écailles blanches formant un croissant, d'après Boisduval, cerclé de noir ; au delà, une forte rayure arrondie, s'étalant à ses extrémités, noire ; plus loin, une espace rose puis une large bande gris marron festonnée extérieurement, le reste de l'aile grisâtre.

Face inférieure : grisâtre, marque représentée par un très petit œil obsolète pupillé de blanc ; l'œil des ailes inférieures également obsolète, pupillé de blanc ; une rayure transversale brunâtre.

British Museum, Coll. W. de Rothschild.

Automeris Abdominalis, Feld.

Io abdominalis, Felder, *Reisede Novara Exp. Zool. Theil.*, Bnd. 2, pl. 93, fig. 3.
Io abdominalis, Boisd., *op. cit.*, p. 212.

Habitat : Amérique du Sud.

SATURNIENS

Fig. 1.

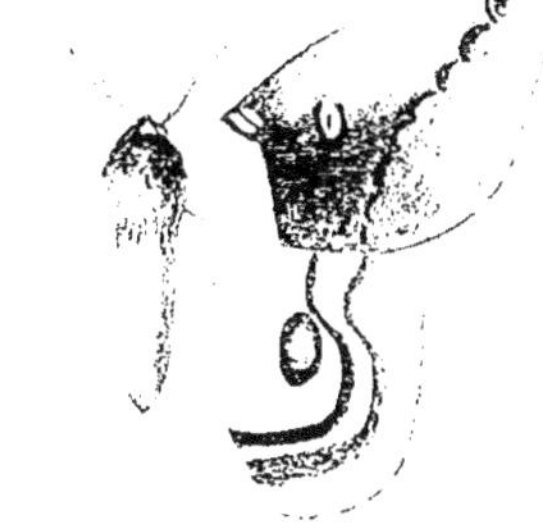

Fig. 2.

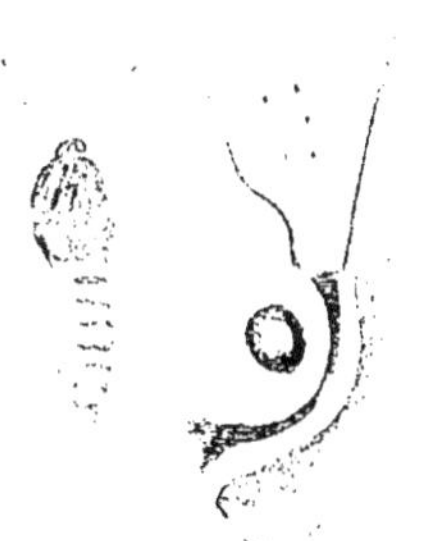

Fig. 3.

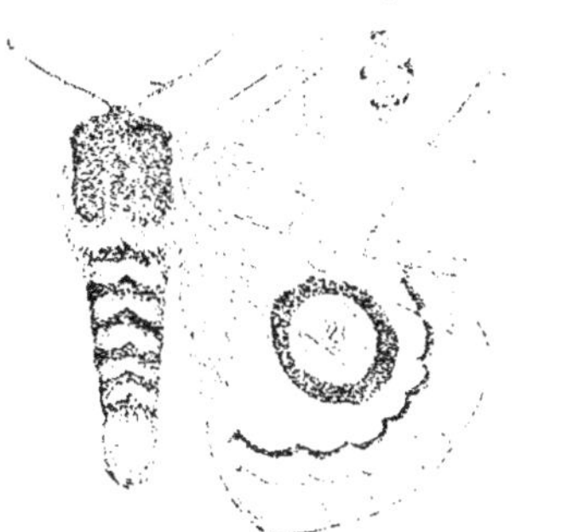

Fig. 4.

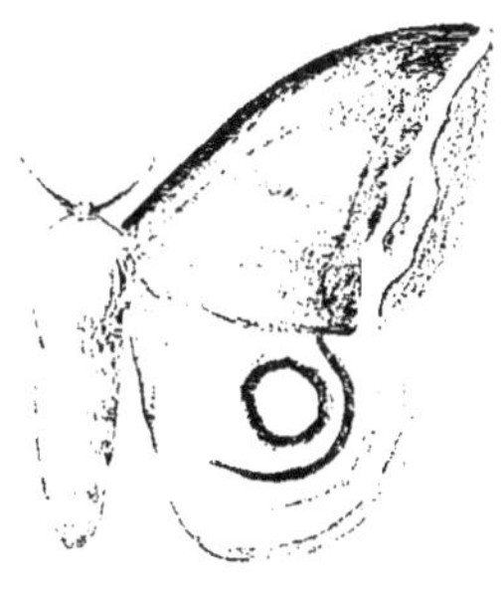

Fig. 5.

Fig. 6.

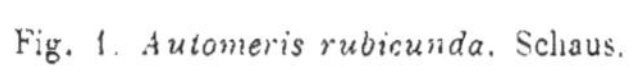

Fig. 1. *Automeris rubicunda*, Schaus.
Fig. 2.   —   *Bouvieri*, n. sp.
Fig. 3.   —   *Montezuma*, Lucas.

Fig. 4. *Automeris Abdominalis*, Feld
Fig. 5.   —   *Lilith*, Streck.
Fig. 6.   —   *Oberthurii*, Boisd.

Envergure : mâle, 10 cm. 1/2, pl. VIII, fig. 4.

Mâle. Tête et thorax brun noir, antennes violâtres ; abdomen fauve rayé transversalement de brunâtre.

Aile antérieure : apex bien arrondi, bord externe droit. Coloration foncière gris violâtre ; espace basilaire grisâtre clair, un peu jaunâtre à la base ; rayure extra-basilaire sinuée, grisâtre foncé ; espace médian grisâtre à la base et violâtre sur ses trois quarts postérieurs ; marque hexagonale, avec un point noir sur chaque sommet, grisâtre foncé ; rayure post-médiane mince, aboutissant à distance de l'apex, gris noir, bordée intérieurement de clair ; espace antéterminal grisâtre ; espace terminal gris, violâtre vers le bord.

Aile postérieure : fauve avec des poils bruns noirs sur la base et le bord postérieur ; œil grand, bleu foncé, très largement cerclé de noir, à pupille triangulaire formée d'écailles blanches ; au delà, une rayure arrondie, festonnée, noire, puis une bande arrondie grisâtre ; le reste de l'aile d'abord fauve puis grisâtre.

Automeris Lilith, Streck.

Hyperchiria Lilith, Strecker, *Lepidoptera, Rhopaloceres and Heteroceres indigenous and exotic*, p. 138, pl. XV, fig. 17.

Habitat : Georgie.

Envergure : femelle, 8 cm., pl. VIII, fig. 5.

Femelle. Tête et thorax rougeâtres, antennes grisâtres, abdomen jaunâtre sale, rayé dorsalement de rougeâtre sur chaque segment.

Aile antérieure : bord externe très convexe, apex pointu. Coloration foncière brun rougeâtre sombre éclairé d'un peu de violâtre, marque indistincte ; rayure post-médiane violâtre, se terminant à l'apex, double sur une petite étendue.

Aile postérieure : violâtre, plus claire que l'aile antérieure, couverte de poils grisâtres sur la base et le bord interne ; œil grand, bleu, cerclé de noir, puis de brun clair ; un peu au delà, et à peu près tangente à l'œil, une rayure arrondie, noire, puis une bande arrondie brunâtre claire ; le reste de l'aile d'abord violâtre puis brunâtre clair.

Face inférieure : rouge sombre passant au brunâtre vers les bords extérieurs ; aile antérieure avec la marque grande, ovale, noire, pupillée d'un petit point arrondi blanc ; aile postérieure avec un petit point blanc correspondant au centre de l'œil.

Automeris Io, FAB.

Bombyx Io, Fabr., *Syst. Ent. III*, pars I, p. 419.
Phæna Io, Smitt. Abbot., *Lep. Ins. of Georgie*. vol. I, p. 97, fig. 1 et 2 ♂ et ♀.
Hyperchiria varia, Walk., *Cat. Lep. B. M.*, vol. VI, p. 1278.
Hyperchiria varia, Strecker, *Lep. Het.*, p. 138, t. XV, fig. 15 et 16.
Io Fabricii, Boisduval, *op. cit.*, p. 223.

Habitat : Amérique du Nord, Georgie, Mexique, Colombie, Guyane, Honduras.

Envergure : mâle, 6 cm. 1/2 ; femelle, 9 cm., pl. IX, fig. 1, 2, 3.

Mâle. Tête, thorax et abdomen jaunes, antennes fauves.

Aile antérieure : bord externe droit. Coloration foncière jaune partiellement couvert, dans les deux tiers antérieurs, de gris violâtre ; rayure extra-basilaire en zigzag, brunâtre ; marque brunâtre, grande, bordée de points noirs, rayure post-médiane brunâtre, festonnée, se terminant à distance de l'apex ; rayure subterminale formée de gros macules bruns placés entre les nervures.

Aile postérieure : disque jaune foncé couvert sur sa base et le long du bord postérieur de poils rouge brique, en avant, de poils roses ; œil grand, gris bleuâtre, largement cerclé de brun noir, arrosé d'écailles blanches avec un grand trait blanc au centre ; au delà, une rayure arrondie rouge brique, le reste de l'aile jaunâtre ; frange grisâtre.

Face inférieure : jaune ; les espaces basilaire et médian des ailes antérieures couverts de roux brique ; marque grande, arrondie, noire, pupillée de blanc, avec, au delà, une rayure concave, brique ; aile postérieure avec un point blanc auréolé de brun correspondant au centre de l'œil, tangent à une rayure rectiligne roux brunâtre.

Femelle. Tête et thorax bruns, abdomen roussâtre avec des poils vineux à la base de chaque segment.

Aile antérieure : brun violâtre ; rayures très différentes de celles du mâle par l'absence de jaune sur les espaces. Aile postérieure comme chez le mâle ; face inférieure jaune roussâtre lavé de rouge vers la base et près du bord interne des supérieures.

Chenille vert pomme, avec des bouquets de poils d'un vert un peu plus foncé, disposés régulièrement en rangées sur tout le corps. Au-dessus des pattes, à partir du troisième anneau, une raie rouge bordée en dessous de blanc. Adulte éclôt en août.

Vit sur le pommier et le prunier.

Cocon brunâtre entre les feuilles ou dans la mousse.

Coll. Laboratoire.

Automeris Oberthurii, Boisd.

Io Oberthurii, Boisduval, *Aperçu monographique du genre Io*, p. 241. *Annales Soc. Ent. Belgique*, 1875.

Patrie : Buenos-Ayres.

Envergure : femelle, 9 cm., pl. VIII, fig. 6.

Femelle. Tête et thorax gris noir, antennes jaune ocracé ; abdomen fauve ferrugineux en dessus, gris testacé en dessous.

Aile antérieure : bord externe très arrondi. Coloration foncière gris noir, finement sablée d'atomes gris blanchâtres ; rayure extra-basilaire non-indiquée ; marque petite, brunâtre, pupillée de gris, rayure post-médiane festonnée se terminant assez loin de l'apex, gris bleu.

Aile postérieure : disque d'une jaune d'ocre avec un œil moyen, rond, brun, saupoudré au centre d'atomes blancs, cerclé de noir ; bien plus loin et bordant le disque, se trouve une rayure semi-circulaire noire puis un large espace arrondi, rouge ; au delà, une bande gris clair et une frange gris foncé.

Face inférieure : le dessous des quatre ailes est jaunâtre depuis l'insertion jusqu'au delà du milieu, puis grisâtre jusqu'à la frange ; chaque aile porte, sur le disque, un œil noir, arrondi, pupillé de blanc ; entre le bord externe et les yeux, il y a deux bandes parallèles brunes.

Coll. Ch. Oberthür.

Automeris granulosus, *n. sp.*

Habitat : Brésil.

Envergure : femelle, 9 cm., pl. IX, fig. 4.

Femelle. Tête et thorax brunâtres, antennes fauves, abdomen roux brique.

Aile antérieure : bord externe très convexe. Coloration foncière brun rouge, avec l'insertion marquée de poils blancs ; espace basilaire brunâtre ; rayure extra-basilaire jaunâtre, brisée ; espace médian arrosé d'écailles blanches dans sa moitié externe, marque brunâtre obsolète pupillée de blanc ; rayure post-médiane convexe, se terminant contre la côte, bien avant l'apex, jaunâtre ; espace terminal entièrement arrosé d'écailles blanches ; frange rougeâtre.

Aile postérieure : disque entièrement jaune, œil grand, un peu aplati du côté basal, marron, cerclé de brun noir, très grosse pupille d'écailles blanches ; au delà, une rayure arrondie noire, puis une bande roux brique et une bande rousse couverte d'écailles blanches, frange rougeâtre.

Face inférieure : coloration jaune roussâtre clair avec les nervures se détachant en jaune ; aile antérieure avec la marque fumeuse à pupille irrégulière, blanche ; aile postérieure avec une grosse tache fumeuse correspondant à l'œil et pupillée de quelques écailles blanches.

Coll. Ch. Oberthür.

Rapports et différences. Cette espèce est tout à fait spéciale ; par son disque jaune, elle se rapproche de *A. Oberthuri Boisd,* dont elle s'éloigne par la coloration et le dessin de l'aile antérieure.

Automeris Liberia, CRAMER.

Phalæna Liberia, Cramer, *Pap. Exot.*, pl. 208, fig. F et G.
Hyperchiria megalops, Walk., *Cat. Lep. B. M.*, XXXIII, p. 534, 1865.
Io Liberia, Fabricius, *Ent. Syst. III*, pars I, p. 418.
Io Liberia, Boisd., *op. cit.*, p. 215.

Habitat : Amazone, Cayenne.

Envergure : mâle, 8 cm. ; femelle, 11 cm., pl. IX, fig. 5 et 6.

Mâle. Tête et thorax brun noir, abdomen jaunâtre.

Aile antérieure : apex aigu. Coloration foncière gris brun jaunâtre ; espace basilaire uniforme, rayure extra-basilaire très oblique, faiblement sinuée, brune ; espace médian avec une marque polygonale, allongée, grise, ayant une raie transversale sombre au centre et des points foncés sur les angles ; au delà, une bande brunâtre très obsolète tombe de la côte sur la rayure post-médiane, cette dernière rayure est rectiligne, brune, un peu rentrante en avant, elle aboutit loin de l'apex ; espace antéterminal plus foncé que l'espace terminal.

Aile postérieure : disque fauve, œil grand, café au lait, largement cerclé de brun noir, trois taches inégales, noires, saupoudrées de blanc : une grande tache centrale coupée en son milieu par un trait blanc, deux très petites taches latérales ; au delà, une fine rayure

SATURNIENS

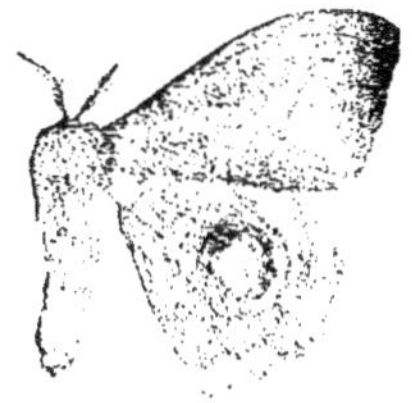

Fig. 1.

Fig. 2.

Fig. 3.

Fig. 4.

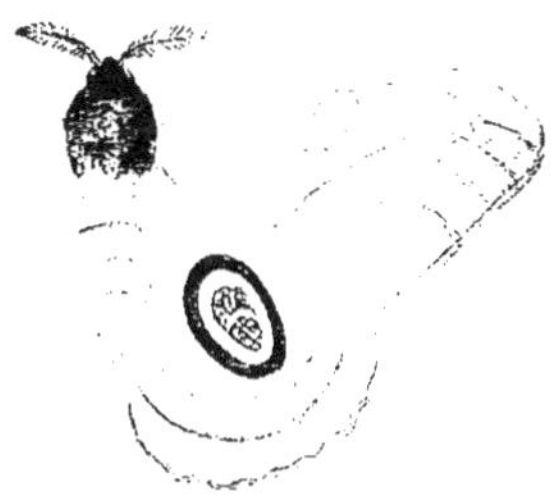

Fig. 5.

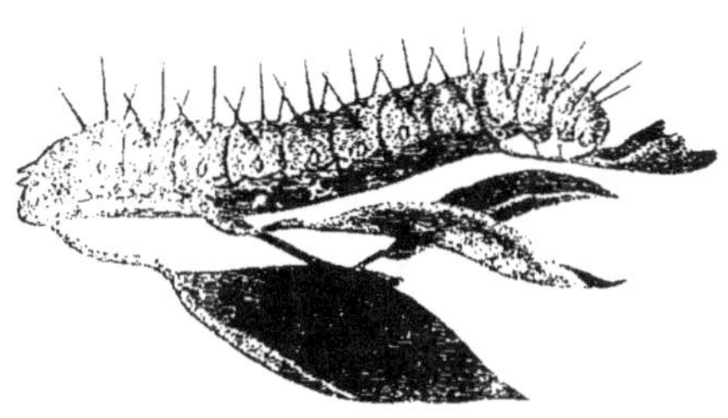

Fig. 6.

Fig. 1. *Automeris Io*, Fabr.
Fig. 2.   —   *Io* var. *erubescens mihi*.
Fig. 3.   —   *Io*, cocon.

Fig. 4. *Automeris granulosus*, n. sp.
Fig. 5.   —   *Liberia*, Cram.
Fig. 6.   —   *Liberia* chenille.

arrondie, festonnée, brun noir, et une bande brunâtre, parallèle à la
rayure et limitant le disque ; le reste de l'aile gris brun.

Face inférieure : coloration foncière brique ; sur l'aile antérieure,
on voit la marque en gris brun pupillé de blanc et, au delà, une rayure
transversale roussâtre allant d'un bord à l'autre ; sur l'aile inférieure,
l'œil est représenté par un petit point blanc, avec, au delà, une rayure
transversale roussâtre.

Femelle. Abdomen roux ; aile antérieure roux violâtre avec les rayures extra-basilaire et post-médiane plus foncées et plus rapprochées
sur le bord postérieur que ne le figure Cramer ; aile postérieure plus
foncée que chez le mâle ; fond gris de l'œil avec une zone externe violâtre.

Coll. Laboratoire.

La chenille vit sur un arbuste du genre Citrus. Elle est verte avec des
épines rameuses de même couleur ; elle a, près des pattes, sur chaque
segment à partir du troisième, une tache oblongue, jaune ; pattes
jaunes.

Automeris Erisichton, Boisd.

Io Erisichton, Boisd., *op. cit.*, p. 218.

Habitat : Caracas.

Envergure : mâle, 6 cm. 3/4, pl. X, fig. 4.

Mâle. Tête et thorax brun sombre, antennes fauves, abdomen fauve.

Aile antérieure : coloration foncière café au lait ; rayure extra-basilaire presque droite, gris brun ; espace médian avec une marque grise
à bord anguleux marqué d'un point à chaque sommet ; au delà, une
bande gris brun tombe de la côte sur la rayure post-médiane ; cette
dernière rayure est rectiligne, rentrante vers l'extrémité antérieure,
brune ; espace anté-terminal gris brun, espace terminal café au lait.

Aile postérieure : disque roux fauve, œil grand, fauve, cerclé de
noir ; au centre trois taches noires semées d'écailles blanches et séparées par des traits blancs ; au delà, une rayure arrondie, festonnée,
noire, limite le disque ; le reste de l'aile café au lait, avec une bande
étroite, arrondie, brun clair, parallèle à la rayure, bord un peu plus
foncé.

Face inférieure : jaune roux ; aile antérieure avec une petit marque
noire pupillée de blanc et une rayure oblique brunâtre correspondant

à la post-médiane ; aile inférieure avec un point blanc représentant l'œil et suivi de deux rayures très obsolètes.

British Museum, Coll. Ch. Oberthür.

Automeris Nopaltzin, Schauss, *New. species of Lepidopt. Heterocera. Proceeding of the Zoological Society London*, 1892. Druce, *Biol. Centr. Amer.*, t. II, p. 417. Tab. LXXVI, fig. 3 ♀.

Habitat : Paso de San-Juan, Vera-Cruz.

Envergure : femelle, 8 cm., pl. X, fig. 5.

Femelle. Tête et thorax brunâtres, abdomen roux brique ; aile antérieure à apex pointu. Coloration foncière rouge violacé ; espace basilaire plus foncé dans sa moitié postérieure ; rayure extra-basilaire anguleuse, brun sombre, estompée sur ses bords ; marque sombre, mal définie, polygonale, avec un point blanc au centre ; au delà, une fascie sombre descend du bord costal sur la rayure post-médiane ; cette dernière rayure est droite, légèrement infléchie près de l'apex qu'elle n'atteint pas, brun noir, bordée intérieurement de jaune ; espace antéterminal brun rouge, espace terminal brun rose, rose clair dans sa moitié interne.

Aile postérieure : coloration roux jaunâtre ; œil grand, gris, avec un premier cercle noir et un second cercle extérieur jaune ; à l'intérieur, trois taches noires semées d'écailles blanches, la tache centrale est très grande et coupée par un trait blanc ; le reste de l'aile, au delà du disque, est rose un peu plus foncé vers le bord extérieur.

Automeris Memusæ, Walk.

Hyperchiria memusæ, Walk., *Cat. Lep. B. M.*, p. 1300.

Habitat : Brésil.

Envergure : femelle, 11 cm., pl. X, fig. 7.

Femelle. Tête et thorax brun clair, antennes testacées ; abdomen brun roux.

Aile antérieure : coloration foncière brun clair ; espace basilaire brunâtre, rayure extra-basilaire droite, jaune ocracé, plus clair du côté externe ; espace médian brun, plus foncé vers la côte ; marque oblongue, polygonale, de la couleur foncière, bordure claire, rayure

post-médiane convexe, aboutissant loin de l'apex, jaune ocracé, bordée
intérieurement de clair ; le reste de l'aile brun clair plus foncé vers
l'apex, les deux espaces terminaux peu différents l'un de l'autre.

Aile postérieure : gris roussâtre ; œil grand, rouge, cerclé d'abord
de brun rouge puis de noir, puis de jaune verdâtre clair ; plusieurs
taches noires inégales : une grande tache au centre, bordée de blanc
en avant et en arrière, quatre petites taches latérales semées d'écailles
blanches ; au delà de l'œil, une fine rayure arrondie, festonnée, noire,
puis une bande parallèle à cette rayure, brun rouge, limitant le disque ;
le reste de l'aile jaune verdâtre clair.

Face inférieure : aile antérieure avec la marque noire pupillée
de blanc ; aile postérieure avec un petit point blanc bordé de rouge
brun.

Mâle. Plus pâle que la femelle ; abdomen avec des bandes transversales ferrugineuses.

Museum d'Oxford.

Automeris Nyctimene, Lat., *in Humb.*, pl. 53, fig. 1, 2. p. 133.

Io Nyctimene, Boisd., *op. cit.*, p. 233.
Io Damœus, Boisd., *op. cit.*, p. 234.

Habitat : Nouvelle Grenade.
Envergure : mâle, 11 cm. ; femelle, 13 cm., pl. 10, fig. 2 et 3.
Mâle. Tête et thorax brun roussâtre, antennes fauves, abdomen gris
noirâtre.

Aile antérieure : légèrement falquée. Coloration foncière roussâtre ;
espace basilaire brun roux, rayure extra-basilaire droite, ocracée ; espace médian grisâtre, marque grande, noirâtre, rectangulaire, bordée
de clair ; au delà, une fascie sombre, obsolète, tombe de la côte sur la
rayure post-médiane ; cette dernière rectiligne, confluente sur le bord
postérieur avec l'extra-basilaire, tangente à la marque, aboutissant à
distance de l'apex, jaune ocracé bordé intérieurement de clair ; espace
antéterminal brunâtre, espace terminal gris brunâtre.

Aile postérieure : disque noirâtre, œil grand, brun clair, cerclé de
noir, puis de jaunâtre, quatre taches noires : une grande tache centrale partiellement couverte d'écailles blanches, trois petites taches latérales presque entièrement couvertes de blanc ; au delà, une rayure

festonnée noire limite le disque ; le reste de l'aile gris brunâtre avec une bande arrondie brune, parallèle à la rayure.

Face inférieure : café au lait ; aile antérieure rosâtre à la base ; marque ovale, noire, pupillée de blanc ; très peu au delà, une rayure noirâtre allant en s'épanouissant d'avant en arrière, une tache triangulaire brune entre cette bande et le bord externe, tangente par un côté au bord costal ; aile postérieure avec un point blanc au centre de l'œil ; bord interne couvert de poils jaune clair.

Femelle. Diffère du mâle par sa taille, la coloration foncière brun rouge des ailes antérieures et de l'abdomen.

Cocon brun noir, tissé entre les feuilles, long de 5 centimètres, large de 3 centimètres.

Var. *Damœus*. Boisduval a décrit sous le nom de *Io Damœus* une espèce éclose *ex larva*, qui, par l'ensemble de ses caractères ne peut qu'être une variété naine d'*Automeris Nyctimène* ; nous possédons, en effet, au Laboratoire, des individus rouge brique de Nyctimène avec tous les intermédiaires entre ces formes et la forme type que nous avons également.

Automeris Nyctimène pourrait bien n'être qu'une variété de *A. Memusæ Walk* dont elle ne diffère que par la coloration de l'abdomen et la distance plus grande de la rayure arrondie à la bande parallèle sur l'aile postérieure.

Automeris Leucane, Hubn., *Exot. Schmett.*

Io Leucane, Boisd., *op. cit.*, p. 234.

Habitat : Mexique.

Envergure : mâle, 9 cm. ; femelle, 11 cm., pl. X, fig. 6.

Mâle. Tête et thorax brun noir, abdomen gris brun ; coloration foncière gris noirâtre.

Aile antérieure : rayure extra-basilaire droite, ocracée, bordée intérieurement de brun noir ; espace médian avec une marque rectangulaire de la couleur foncière, bordée de brun puis de clair ; au delà, une fascie brunâtre, très obsolète, tombe de la côte sur la rayure post-médiane ; rayure post-médiane rectiligne, se terminant dans l'apex, ocracée, bordée intérieurement de clair et extérieurement de brun noir ; le reste de l'aile grisâtre clair.

Aile postérieure : coloration foncière brun noir ; œil moyen, brun

SATURNIENS

Fig. 1.

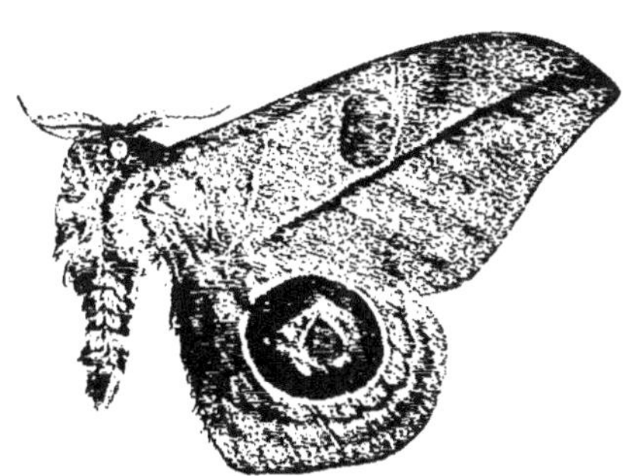

Fig. 2.

Fig. 3.

Fig. 4.

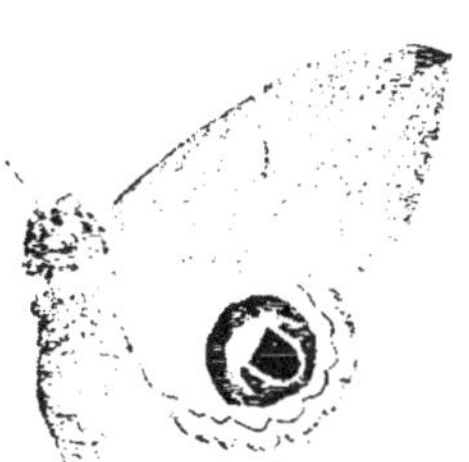

Fig. 5.

Fig. 6.

Fig. 7.

Fig. 1. *Automeris gibbosus.*
Fig. 2.   —   *Nyctimene*, Lat.
Fig. 3.   —   *Nyctimene*, cocon.
Fig. 4.   —   *Erisichton*, Boisd.
Fig. 5. *Automeris Nopaltzin*, Schauss.
Fig. 6.   —   *leucane*, Huhn.
Fig. 7.   —   *Memusæ*, Walk.

clair, cerclé de brun noir, de noir, puis de jaune verdâtre ; au centre, cinq taches noires : une centrale grande, avec des écailles blanches en avant et en arrière, deux latérales et deux postérieures couvertes d'écailles blanches ; au delà de l'œil, une fine rayure noire, arrondie, festonnée, puis une bande étroite, brunâtre, parallèle à la rayure et limitant le disque ; le reste de l'œil gris jaunâtre, frange brunâtre.

Face inférieure : café au lait semé de grisâtre ; aile antérieure plus claire, marque ronde, noire, à grosse pupille blanche ; au delà, une rayure noirâtre avec une tache de la même couleur dans son angle apical interne ; aile postérieure grisâtre, un point blanc sur l'œil suivi à distance d'une rayure très sinueuse, noirâtre.

Coll. Laboratoire.

Automeris Mimusops, Boisd.

Io **Mimusops**, Boisd., *op. cit.*, p. 231.

Habitat : Brésil.

Envergure : mâle, 8 cm. ; femelle, 10 cm., pl. XI, fig. 1.

Mâle. Corps tout entier d'un gris blanchâtre.

Aile antérieure : assez fortement falquée, entièrement gris blanchâtre ; rayure extra-basilaire rectiligne gris orangé, bordée extérieurement de blanchâtre ; marque peu saillante, se détachant un peu grâce à sa bordure blanchâtre sans aucun point noir ; rayure post-médiane brunâtre bordée intérieurement de jaune orangé, se terminant à distance de l'apex.

Aile postérieure : même couleur que l'aile antérieure ; œil grand, jaune ocreux, cerclé de noir, bordé extérieurement de clair, pupille noire accolée à un croissant blanc ; au delà, une rayure arrondie, sinuée, noire ; le reste de l'aile de la couleur du fond et coupé par une bande arrondie grisâtre.

Face inférieure : blanchâtre ; aile antérieure avec la marque brune, irrégulière, pupillée de blanc et, au delà, une rayure fumeuse ; aile postérieure avec un petit point blanc au centre de l'œil et, au delà, une rayure sinueuse peu apparente.

Femelle. Coloration générale plus foncée que le mâle ; marque et rayures des ailes antérieures très saillantes ; la bande arrondie de l'aile postérieure plus brune.

Coll. Laboratoire.

Automeris gibbosus. *n. sp.*

Habitat : Brésil.

Envergure : mâle, 11 cm. ; femelle, 10 cm., pl. X, fig. 1.

Mâle. Tête et thorax fauves, couverts de poils gris verdâtre, antennes fauves ; abdomen marron en dessus, gris blanchâtre en dessous.

Aile antérieure : très falquée ; coloration générale brun roux, allant graduellement en s'éclaircissant à partir de la rayure post-médiane, jusqu'au blanc rosâtre ; rayure extra-basilaire légèrement ondulée, orangée, bordée intérieurement de jaunâtre ; marque grande, bordée d'un trait blanchâtre, de la couleur foncière ; rayure post-médiane rectiligne, aboutissant à une petite distance de l'apex, orangée, bordée intérieurement de blanchâtre ; le reste de l'aile gris rosâtre ; frange marron clair.

Aile postérieure : disque fumeux ; œil très grand, oblong, présentant une bosse du côté externe, brun rouge, bordé de brun noir foncé, puis de jaune ; une longue pupille noire semée d'écailles blanches, et une petite pupille adjacente obsolète ; au delà, une fine rayure arrondie noire, faiblement sinuée, puis une bande arrondie brun roux ; le bord gris jaunâtre.

Face inférieure : aile antérieure brun rosâtre jusqu'à la rayure ; celle-ci noire fumeuse et épaisse à sa base, brun rouge en avant ; marque grande arrondie, noire, pupillée de blanc ; espace terminal gris blanchâtre ; aile postérieure gris blanchâtre, œil représenté par une tache brune pupillée de blanc ; au delà, une rayure curviligne, brune, puis une rayure arrondie, dentée, brune, obsolète.

Femelle. Je rapporte à la femelle de cette espèce un individu qui m'a été communiqué par M. Ch. Oberthür. Corps brun rosâtre, aile antérieure non falquée, uniformément brun rosâtre ; disque gris clair, œil bosselé, bordé extérieurement de jaune verdâtre ; face inférieure **brunâtre** clair.

Mâle. Coll. Rothschild.

Femelle. Coll. Ch. Oberthür.

Automeris viridescens, WALK.

Hyperchiria viridescens, *Lep. Brit. Museum*, p. 1303.

Habitat : Rio-Janeiro.

Envergure : femelle, 9 cm., pl. XI, fig. 2.

Femelle. Tête et thorax bruns, antennes jaune testacé, abdomen gris brun.

Aile antérieure : non falquée, bord externe convexe ; espace basilaire brun sombre ; rayure. extra-basilaire jaunâtre bordée intérieurement de brun ; espace médian brun verdâtre, triangulaire par suite de la confluence sur le bord postérieur des deux rayures limitantes, marque ovale de la couleur foncière, bordée de clair ; rayure post-médiane rectiligne, oblique, aboutissant loin de l'apex, jaunâtre, bordée extérieurement de brun ; espace antéterminal brun violâtre, espace terminal grisâtre.

Aile postérieure : disque gris violâtre, œil moyen, largement cerclé de noir, bordé extérieurement de clair, centre brun avec des taches noires : une grande tache médiane bordée d'écailles blanches, trois petites taches latérales dont deux en arrière, une en dessus, semées d'écailles blanches ; au delà, une large rayure festonnée noire limite le disque, le reste de l'aile gris jaunâtre avec une bande brunâtre claire parallèle à la rayure.

Face inférieure : grisâtre ; aile antérieure avec une très grosse marque noir fumeux largement pupillée de blanc et tangente à une large rayure noire obsolète ; aile postérieure avec une tache blanchâtre correspondant à l'œil et tangente à une rayure arrondie, sombre.

Mâle. Aile antérieure plus falquée que chez la femelle ; taille plus petite.

Coll. Ch. Oberthür, Laboratoire.

Automeris aspera, FELDER.

Hyp. Aspera, *Reise de Novara*, p. 89, fig. 2.

Io Aspera, Boisd., *loc. cit.*, p. 240, 1875.

Io Burmeisteri, Weyend , *Tidsch. Ent.*, XXIX, p, 117, fig. 57, 1886.

Habitat : Brésil, République Argentine.

Envergure : mâle et femelle, 6 cm., pl. XI, fig. 3.

Femelle. Tête, thorax et abdomen gris noir, antennes testacées.

Aile antérieure : coloration foncière grisâtre ; espace basilaire brun noir, rayure extra-basilaire plus foncée, sinuée ; espace médian grisâtre, marque rectangulaire, brunâtre bordée de brun foncé, une grosse pupille blanche au centre ; rayure post-médiane en zigzag, fine, brun noir, partant du milieu du bord postérieur pour aboutir à quelque distance de l'apex ; rayure subterminale parallèle à la post-médiane, mais moins foncée et assez obsolète ; frange foncée.

Aile postérieure : coloration foncière jaune verdâtre, estompée de poils roses sur la base et les bords antérieurs et postérieurs ; œil moyen, brun verdâtre, cercle étroit, noir, légèrement aplati du côté interne et bordé extérieurement de jaunâtre, le centre de l'œil est jaunâtre avec trois petites taches noires : une grande tache centrale triangulaire bordée de blanc à la base et deux très petites taches latérales noires ; au delà, une première rayure arrondie, festonnée, noire, puis une seconde rayure large, parallèle à la première, brunâtre, bord externe brunâtre.

Face inférieure : grisâtre ; aile antérieure avec une grosse marque arrondie, brunâtre, pupillée de noir, semée d'écailles blanches, la rayure post-médiane apparaît par transparence ; au delà, une seconde rayure sombre très obsolète ; aile postérieure avec un trait blanc représentant l'œil, la rayure festonnée apparaît en sombre.

Mâle. Diffère de la femelle par ses ailes antérieures plus grisâtres, tous les dessins moins apparents, et le plus grand développement de poils roses sur les ailes postérieures, l'abdomen terminé par une touffe de poils rosâtres.

Coll. Laboratoire.

Automeris acutissima, WALK.

Hyp. acutissima, Walk., *Cat. Lep. Het. B. M.*, XXXII, p. 533, 1865.

Habitat :

Envergure : mâle, 9 cm., pl. XI. fig. 4.

Mâle. Tête, thorax et abdomen cendré rosâtre ; antennes testacées.

Aile antérieure : bord costal très long et droit, s'incurvant brusquement près de l'apex, bord externe fortement falqué. Coloration foncière gris rosâtre ; rayure extra-basilaire oblique, ondulée, plus claire que le fond ; marque grande, presque rectangulaire, à bordure plus claire que le fond ; au delà, une bande un peu plus sombre tombe du bord costal sur la rayure post-médiane ; cette dernière rayure part du

SATURNIENS

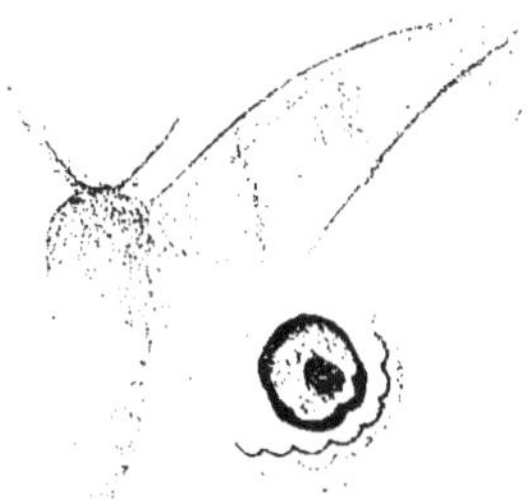

Fig. 1.

Fig. 2.

Fig. 3.

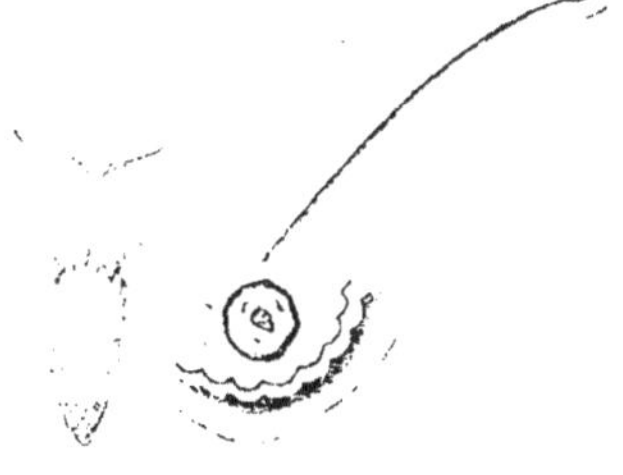

Fig. 4.

Fig. 5.

Fig. 6.

Fig. 1. *Automeris mimusops*, Boisd.
Fig. 2. — *viridescens*, Walk.
Fig. 3. — *aspera*, Feld.

Fig. 4. *Automeris acutissima*, Walk.
Fig. 5. — *Stuarti*, Roth.
Fig. 6. — *latus*, n. sp.

milieu du bord postérieur pour se terminer très près de l'apex, elle est rectiligne, brune, bordée intérieurement de grisâtre ; le reste de l'aile uniforme.

Aile postérieure : coloration foncière plus grisâtre que l'aile antérieure ; œil moyen, rosâtre, avec un cercle noir bordé extérieurement de jaune verdâtre et intérieurement de brun, pupillé de plusieurs taches noires arrosées d'écailles blanches : une grosse tache centrale, trois petites taches latérales ; au delà, une fine rayure arrondie, festonnée, noire, puis une large rayure parallèle à la première, brune, limitant le disque ; le reste de l'aile brun clair.

Face inférieure : aile antérieure avec une marque noire, rectangulaire contenant une tache blanche et tangente à une rayure oblique noire ; aile postérieure avec un point blanc représentant l'œil, tangent à une rayure rosâtre.

British Museum.

Automeris Stuarti, Rothsch. et Jordan, *Novitates,* Zoologicæ
vol. VIII, page 404, 1901.

Habitat : Bolivie, La Paz.

Envergure : femelle, 10 cm., pl. XI, fig. 5.

Femelle. Tête et thorax noirâtres, antennes fauves, bord postérieur du thorax avec des poils rosâtres, abdomen noirâtre.

Aile antérieure : coloration foncière brun noir avec les nervures et la frange blanc jaunâtre dans les espaces médian, antéterminal et terminal ; espace basilaire brun sombre uniforme ; rayure extra-basilaire faisant un angle sur la nervure cubitale, large, blanche ; marque grande, polygonale, noire, bordée de blanc ; rayure post-médiane très oblique, convexe, adjacente, contre le bord postérieur, à la nervure extra-basilaire, aboutissant très près de l'apex, blanche, bordée extérieurement d'un peu de jaune.

Aile postérieure : jaune verdâtre voilé faiblement de poils roses sur la base et les bords adjacents ; œil moyen, brun verdâtre avec un large cercle noir, bordé extérieurement de jaune clair, obsolète du côté interne, trois taches noires : une grande tache centrale bordée de blanc en avant et en arrière, deux petites taches latérales se fondant par un bord avec le cercle et semées d'écailles blanches ; au delà, une première rayure arrondie, à gros festons, noire, plus loin une deuxième rayure parallèle à la première, grisâtre.

Face inférieure : grisâtre avec le bord costal et les nervures jaune ocracé. Aile antérieure : marque grande, noire, pupillée d'écailles blanches ; la rayure post-médiane apparaît par transparence et est presque tangente à une bande extérieure noirâtre, très obsolète ; aile postérieure : œil représenté par un gros point blanc, la coloration foncière passant au gris noir vers le bord externe ; frange claire.

Coll. Laboratoire (don de M. W. de Rothschild).

Automeris latus, *n. sp.*

Habitat : Guyane française.

Envergure : mâle, 9 cm., pl. XI, fig. 6.

Mâle. Tête et thorax brun marron, antennes fauves, abdomen noirâtre avec une bande jaune très claire le long du bord postérieur de chaque anneau.

Aile antérieure : bord externe très convexe. Coloration foncière marron ; rayure extra-basilaire foncée, à peine visible, marque très grande, polygonale, avec les sommets extérieurs et antérieurs marqués de points noirs au nombre de quatre de chaque côté, plus sombre que le fond, un très petit point central blanc ; rayure post-médiane oblique, sinuée, brunâtre, aboutissant loin de l'apex ; espaces antéterminal et terminal séparés par une rayure sombre, festonnée, très obsolète.

Aile postérieure : disque rosâtre, œil brunâtre cerclé de jaunâtre, pupille marron avec un arc de cercle blanc et quelques écailles blanches ; au delà, une rayure arrondie, festonnée, noire ; le reste de l'aile gris brunâtre avec une bande arrondie brunâtre ; frange jaunâtre précédée d'une ligne étroite brune.

Face inférieure : gris rosâtre ; aile antérieure avec la marque ovale, fumeuse, pupillée de blanc ; au delà, une rayure festonnée brunâtre ; aile postérieure un peu plus foncée ; œil représenté par un point blanc presque tangent à une rayure arrondie, festonnée, brune, très obsolète.

Femelle. Diffère du mâle par sa coloration générale bien plus claire et les dessins des ailes postérieures bien plus saillants.

Rapports et différences. Cette espèce s'éloigne de toutes les autres formes ayant un trait blanc arqué au centre de l'œil par la forme de ses ailes antérieures, la grandeur de la marque et l'allure festonnée de la rayure post-médiane des ailes antérieures.

Automeris Irene, CRAMER, *Pap. Exot.*, pl. 249 B. C.

Io irene, Boisduval, *op. cit.*, p. 235.
Io scapularis, B·isd., *op cit.*, p. 2:.6.
H. mutea, Walk, *op. cit.*, p. 1291, 1855.
H. luteata, Walk., *op. cit.*, p. 536, 1865.
Automeris quadridentata, Kirby, *Ann. Mag. N. H.*, vol. X, pl. XI, sér. 6.

Habitat : Guyane.

Envergure : mâle, 9 cm., pl. XII, fig. 1 et 2.

Mâle. Tête et thorax roux ferrugineux ; abdomen fauve.

Aile antérieure : bord externe très droit, apex pointu. Coloration foncière roux ferrugineux ; insertion avec une touffe de poils blancs ; espace basilaire plus foncé que le fond ; rayure extra-basilaire sinuée, peu visible, pointillée de blanc ; espace médian avec la marque indiquée par deux rangs de points blancs, une fascie sombre, très vague, au delà de la marque ; rayure post-médiane concave, aboutissant à quelque distance de l'apex, brune, avec, en dedans, une série de petits points blancs, un sur chaque nervure ; les deux espaces terminaux à peine séparés.

Aile postérieure : coloration foncière fauve ferrugineux ; œil moyen, noir, cerclé de jaunâtre, avec une pupille gris jaunâtre, bidentée, renfermant un trait blanc en croissant et quelques écailles blanches ; au delà de l'œil, une rayure arrondie, festonnée, noire, bordée extérieurement de clair, puis une bande ferrugineuse et le reste de l'aile grisâtre.

Face inférieure : coloration gris roussâtre ; aile supérieure avec la marque noire pupillée de blanc, et, au delà, deux bandes brunes sinuées ; aile postérieure avec un arc blanc au centre de l'œil et deux bandes brunes très sinuées, sur le tiers postérieur.

Femelle. Diffère du mâle par la teinte roussâtre des ailes supérieures et leur bord externe moins droit.

La chenille vit sur le grenadier ; elle est verte, garnie d'épines palmées, marquée le long des pattes, à partir du troisième segment, d'une raie jaune bordée de pourpre en dessus.

Var. *Scapularis.* Cette forme, décrite par Boisduval comme une espèce, doit être considérée comme une variété brésilienne de *A. Irene.* Sa coloration générale est plus claire, le cercle jaune de l'œil est plus large, les articulations des anneaux abdominaux, chez la femelle, sont

moins noires, enfin les points blancs qui bordent la marque sont rem-
placés par des points noirs. Ce dernier caractère qui est le seul caractère différentiel bien net ne me paraît pas suffisant pour justifier l'élé-
vation de cette variété au rang d'espèce.

Je rattache également comme synonyme d'*A. Irene* l'*Automeris
quadridentata kirby*, d'accord en cela avec la collection du British
Museum.

Automeris Salmonea, Cram., *Pap. Exot.*, tab. 162 A.

    A Salmonea Fabricius, Ent. Syst. III, pars I, p. 419, 39.
    Io Salmonea, Boisd , *op. cit.*, p. 237.

Habitat : Surinam.

Envergure : femelle. 13 cm. ; mâle, 7 cm., pl. XII, fig. 3 et 4.

Femelle. Tête et thorax brun roussâtre, antennes ocracées, abdomen
brun noir, avec le bord postérieur de chaque anneau bordé, du côté
dorsal, par une bande rouge brique ; dernier anneau rouge brique.

Aile antérieure : apex pointu ; aile non falquée. Coloration foncière brun roussâtre ; rayure extra-basilaire brisée, un peu plus foncée que le fond ; marque grande, noirâtre, dentée du côté extérieur ;
rayure post-médiane rectiligne, foncée, n'aboutissant pas à l'apex ; le
reste de l'aile roux brique ; frange concolore, roussâtre.

Aile postérieure rosâtre ; œil grand, noirâtre, bordé extérieurement
de noir, puis de jaunâtre, pupille quadridentée, gris marron jaunâtre,
un long trait blanc et quelques écailles blanches au centre ; au delà de
l'œil, une rayure arrondie, festonnée, noire, faisant à peu près la
limite du disque ; le reste de l'aile roux brique dans sa moitié
interne, gris violâtre dans sa moitié externe ; frange gris violâtre
bordée intérieurement par un trait noirâtre.

Face inférieure : coloration foncière gris violâtre ; aile antérieure
avec une marque ovale, fumeuse, pupillée de blanc ; au delà, deux
rayures fumeuses, festonnées, la seconde très obsolète ; aile postérieure
avec un petit trait blanc anguleux au centre de l'œil ; au delà, deux
rayures irrégulièrement festonnées brun noirâtre.

Automeris roseus, *nov. spec.*

    Phalæna Salmonea, Cramer, pl. CCCXCV, fig. A.

Habitat : Surinam.

SATURNIENS

Fig. 1.

Fig. 2.

Fig. 3.

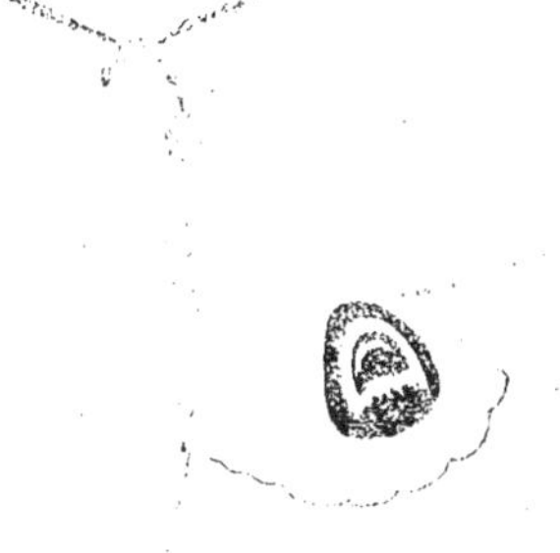

Fig. 4.

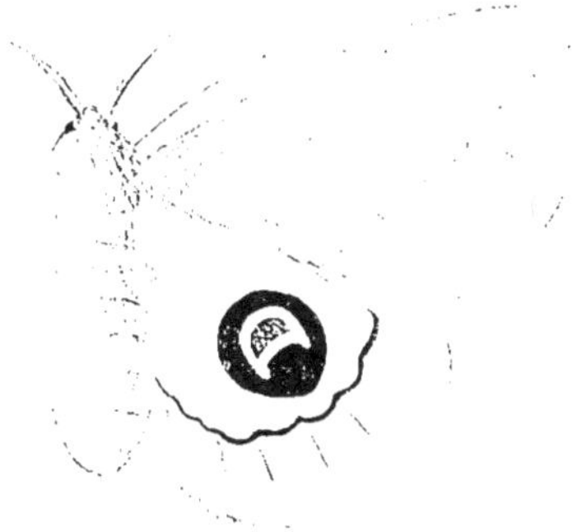

Fig. 5.

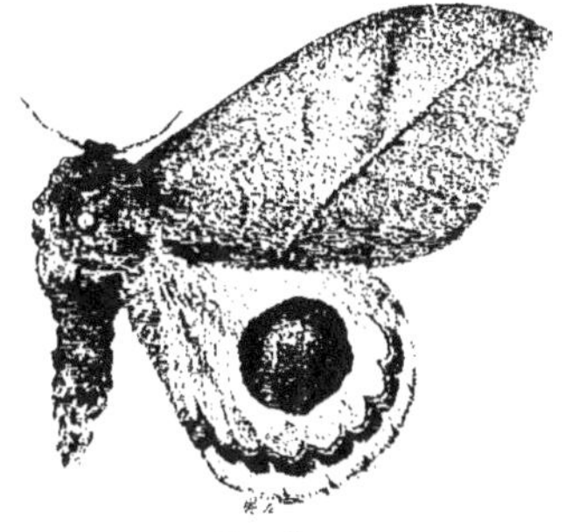

Fig. 6.

Fig. 1. *Automeris Irene*, Cram.
Fig. 2. — *Irene*, var. *scapularis*.
Fig. 3. — *salmonea*, Cram., mâle.

Fig. 4. *Automeris salmonea*, Cram., femelle.
Fig. 5. — *roseus*, n. sp.
Fig. 6. — *Amphirene*, Boisd.

Envergure : femelle, 6 cm., pl. XII, fig. 5.

Femelle. Tête et thorax brun jaunâtre, antennes ocracées, abdomen brun jaunâtre avec une bande brun clair le long du bord postérieur de · chaque anneau.

Aile antérieure : légèrement falquée, apex un peu étiré. Coloration foncière brun jaunâtre avec une large fascie claire sur le milieu ; espace basilaire plus foncé à la base, rayure extra-basilaire jaune ocracée, sinuée ; marque polygonale, de la couleur du fond, bordée de jaune ocracé ; rayure post-médiane faiblement curviligne, jaune ocracé, bordée intérieurement de blanc ; espace antéterminal brun, espace terminal de la couleur du fond.

Aile postérieure : disque rosâtre ; œil grand, brun noirâtre, cerclé de brun, puis de jaune, pupille brun jaunâtre, pluridentée, avec un arc blanc et quelques écailles blanches au centre ; au delà, une rayure arrondie, festonnée, noire, limite le disque ; le reste de l'aile brun très clair avec une large bande arrondie gris brunâtre, festonnée, parallèle et très voisine de la rayure ; frange concolore, bordée intérieurement par un mince trait jaune ocracé.

Face inférieure : café au lait rosâtre ; marque fumeuse suivie d'une rayure festonnée noirâtre ; œil représenté par un point blanc suivi d'une rayure sombre très obsolète.

Coll. Laboratoire.

Rapports et différences. Cette forme est bien une espèce nouvelle comme le soupçonnait Boisduval ; je la possède en collection et j'ai pu la comparer à la *P. Salmonea Cramer* 162 A. Elle s'en éloigne par sa coloration plus claire et la convergence des rayures extra-bilaire et post-médiane des ailes antérieures.

Coll. Laboratoire.

Automeris Amphirene, Boisd., *Op. cit.*. p. 237.

Habitat : Brésil.

Envergure : mâle, 10 cm., pl. XII, fig. 6.

Mâle. Tête et thorax brun roussâtre, abdomen gris, annelé.

Aile antérieure : apex pointu, bord costal convexe ; coloration foncière gris roux ; espace basilaire plus foncé ; rayure extra-basilaire brune, fortement dentée en son milieu ; espace médian plus clair, marque un peu plus foncée, peu détachée, à bord externe denté, avec quelques points noirs ; au delà, une fascie sombre tombe de la côte sur la rayure post-médiane ; celle-ci presque rectiligne, brune, avec un point blanc sur chaque nervure, se termine près de l'apex ; le reste de l'aile uniforme.

Aile postérieure : roussâtre pâle ; œil grand, noir, cerclé de jaunâtre et pupillé de squames jaunâtres coupés par un croissant blanc ; au delà, une rayure arrondie, festonnée, noire, bordée extérieurement de clair, puis une bande arrondie, ferrugineuse et le reste de l'aile gris roussâtre.

Face inférieure : roussâtre ; aile antérieure avec la marque noire pupillée de blanc ; aile postérieure avec un petit arc blanc au centre de l'œil et, au delà, deux rayures sinuées, parallèles, noires.

Femelle. Diffère du mâle par sa taille, sa coloration foncière plus pâle, et son apex plus effilé.

Cette espèce pourrait bien être une variété major de *Hubneri*.

Automeris Hubneri, Boisd., *Op. cit.*, p. 236.

Habitat : Brésil.

Envergure : femelle, 9 cm. ; mâle, 8 cm., pl. XIII, fig. 1.

Mâle. Tête et thorax roussâtres avec le bord postérieur de chaque segment plus clair.

Aile antérieure : bord externe un peu convexe, apex anguleux. Coloration foncière roussâtre pâle ; espace basilaire un peu plus foncé que le fond ; rayure extra-basilaire sinuée, brune ; espace médian avec la marque assez grande, indiquée par des points noirs placés en bordure : quatre du côté extérieur et trois du côté interne ; au delà, une fascie brune tombe de la côte sur la rayure ; rayure post-médiane presque droite, et se courbant près du bord interne, aboutissant très près de l'apex, brune ; le reste de l'aile d'une coloration uniforme.

Aile postérieure : disque jaune blanchâtre couvert sur toute sa base et ses bords antérieur et postérieur par des poils roussâtres très pâles ; œil noir, cerclé de jaune et pupillé de jaunâtre, un petit trait blanc en croissant disposé excentriquement ; au delà, une rayure arrondie, festonnée, noire, bordée extérieurement de clair ; le reste de l'œil formé d'une première bande rousse puis d'un espace gris jaunâtre.

Face inférieure : jaune roussâtre ; aile antérieure avec la marque noire pupillée de blanc suivie d'une rayure oblique, noire et d'une bande brunâtre, obsolète ; aile postérieure avec un point blanc au

SATURNIENS

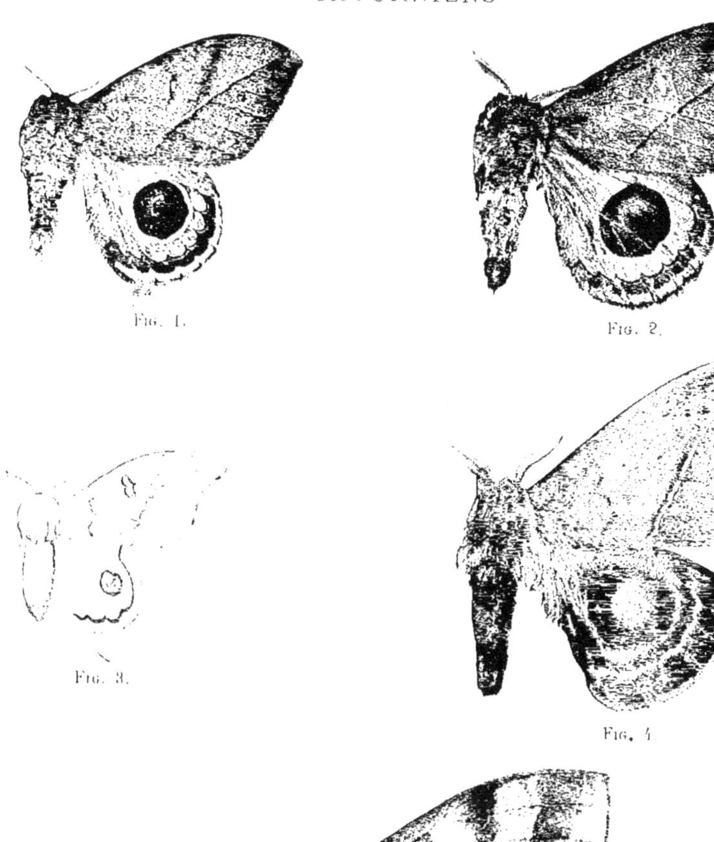

Fig. 1. *Automeris Hubneri*, Boisd.   Fig. 4. *Automeris Becheri*, Herr. Schäff.
Fig. 2.   *porus*, Boisd.   Fig. 5.   —   *Ægeus*. Cram.
Fig. 3.   —   *flexuosa*, Feld.

centre de l'œil et, au delà, une rayure ondulée brunâtre suivie d'une bande en zizag de la même couleur.

Femelle. Diffère du mâle par sa coloration générale moins foncée, ses dessins moins saillants, le bord externe de l'œil un peu aplati.

Coll. Ch. Oberthür.

Automeris porus, Boisd.

Io Porus, Boisd., *op. cit.*, p. 239.

Habitat : Brésil.

Envergure : mâle, 11 cm., pl. XIII, fig. 2.

Mâle. Tête et thorax d'un roux clair, abdomen roux.

Aile antérieure : non falquée, peu pointue à l'apex. Coloration foncière roux clair ; rayure extra-basilaire brisée, brune ; espace médian plus clair que le reste de l'aile avec la marque indiquée par de petits points noirs disposés sur les bords ; rayure post-médiane légèrement concave, se terminant très près de l'apex, brune, bordée intérieurement de clair ; espaces antéterminal et terminal à peine séparés l'un de l'autre.

Aile postérieure : coloration foncière d'un roux plus foncé sur la base et le long du bord postérieur ; œil grand, noir, cerclé de jaunâtre, avec une pupille gris roussâtre, tridentée, renfermant un trait blanc en croissant disposé excentriquement ; au delà, une rayure arrondie, festonnée, noire, bordée extérieurement de clair, limite le disque ; le reste de l'aile divisé en deux bandes dont la plus interne d'un roux ferrugineux ; bord externe également d'un roux ferrugineux.

Face inférieure : roussâtre ; aile antérieure avec la marque noire pupillée de blanc, et, au delà, une rayure oblique, brune, un peu festonnée ; aile postérieure avec un court trait blanc auréolé de brun, au centre de l'œil, et, au delà, une rayure sinuée, brun roussâtre.

Coll. Ch. Oberthür.

Automeris flexuosa, Felder, *Reise de Novara, Zool. Theil.,* Bnd. II, Abth. 2, pl. 90, fig. 4.

Io flexuosa, Boisd., *op. cit.*, p. 230.

Habitat : Amérique centrale.

Envergure : mâle. 7 cm., pl. XIII, fig. 3.

Mâle. Tête et thorax brunâtres, abdomen d'un fauve rougeâtre.

Aile antérieure : bien falquée. Coloration foncière brun clair ; espace basilaire grisâtre, rayure extra-basilaire ondulée, brune ; espace médian plus clair, marque ronde, noire ; rayure post-médiane concave, se terminant en zigzag un peu avant la pointe apicale, brune ; le reste de l'aile d'une couleur uniforme.

Aile postérieure : bord externe fortement sinué. Coloration foncière fauve rougeâtre ; œil petit, noir pupillé de blanc ; au delà, une fine rayure noire festonnée aux extrémités ; le reste de la teinte foncière avec une bande arrondie brunâtre.

Figurée par Felder.

Automeris Ægeus, Cramer, *Pap. Exot.*, pl. 64 C.

Io Ægeus, Boisd., *op. cit.*, p 210.

Habitat : Guyane.

Envergure : mâle, 13 cm., pl. XIII, fig. 5.

Mâle. Tête et thorax brun sombre ; abdomen roux ou roux brique.

Aile antérieure : coloration foncière brunâtre ; insertion blanche ; espace basilaire très foncé ; rayure extra-basilaire sinuée, noirâtre ; espace médian plus clair, marque grande, rectangulaire, limitée par quatre points noirs et pupillée d'un petit point blanc ; au delà, une fascie sombre, obsolète, tombe du bord costal sur la rayure post-médiane ; celle-ci part du milieu du bord postérieur pour aboutir loin de l'apex, elle est légèrement convexe, brune ; espace antéterminal plus foncé que l'espace terminal, rayure subterminale en zigzag ; frange brun rougeâtre.

Aile postérieure ; disque jaunâtre clair, couvert à la base de poils roux ; œil grand, jaunâtre, bordé de brun noir et pupillé de noir ; au delà, une rayure arrondie noire entoure l'ocelle de très près et s'incurve brusquement contre le bord postérieur ; puis, une large bande brunâtre festonnée limite le disque ; le reste de l'aile est gris violâtre avec une frange brun rougeâtre.

Face inférieure : roux brique ; aile antérieure avec la marque noirâtre pupillée de blanc et suivie d'une rayure grisâtre ; aile postérieure avec un point blanc correspondant au centre de l'œil et tangent à une rayure grise, obsolète.

Femelle. Diffère du mâle par le fond des ailes antérieures d'un violâtre brillant.

Coll. Ch. Oberthür.

Automeris Zelleri, GROTTE et ROBINSON, *Trans. of the American. Ent. Society*, vol. 11, p. 193, pl. 2, fig. 65.

Io Zelleri, Boisd., *loc. cit.*, p. 209.

Habitat : Etats-Unis.

Envergure : femelle, 13 cm., pl. XIV, fig. 1.

Femelle. Tête et thorax brun sombre, antennes testacées, abdomen brun ocracé.

Aile antérieure : grande, arquée, apex pointu, bord externe arrondi. Coloration foncière brune avec une touffe de poils blancs à l'insertion ; espace basilaire garni de poils bruns ; rayure extra-basilaire plus foncée, irrégulière ; espace médian brun clair, coupé en son milieu par une bande transversale ; marque en forme de lunule blanche ; rayure post-médiane pâle, un peu courbe, se terminant loin de la pointe apicale ; une fascie sombre tombe de la côte sur cette rayure, entre la marque et l'apex ; le reste de l'aile est coupé transversalement par une rayure subterminale sinueuse plus pâle que le fond.

Aile postérieure : base entièrement couverte de poils jaune ocracé ; œil grand, arrondi, grisâtre, cerclé de noir, à pupille noire semée de quelques écailles blanches ; le reste de l'aile gris sombre avec deux bandes arrondies, régulières, de couleur noirâtre, dont la seconde est la plus large.

Face inférieure : brun très clair ; aile antérieure avec la marque arrondie, noirâtre ; aile postérieure avec un point blanc au centre de l'œil et deux rayures obscures, obsolètes, sur son tiers postérieur.

Musée de Vienne.

Boisduval soupçonne que cette belle espèce provient du Mexique.

Automeris Beckeri, HERR. SCHAFF.

A. Beckeri, *Herr. Schaff. Ausser Europ. Schmett.*, I, fig. 490, 1856.

Io Beckeri, Boisd., *Aperçu monographique du gr. Io*, p. 239. *Annales Soc. Ent. Belge*, 1875

Patrie : Amérique du Sud.

Envergure : mâle, 11 cm. pl. XIII, fig. 4.

Mâle. Tête et thorax brun foncé, antennes testacées, abdomen roux ferrugineux.

Aile antérieure : bord costal bien arrondi près de l'apex, ce dernier en pointe mousse. Coloration foncière brun rosâtre clair, avec un peu de blanc à l'insertion ; espace basilaire d'abord brun puis passant à la teinte foncière ; rayure extra-basilaire oblique, très irrégulièrement sinuée ; espace médian très large vers la côte, allant en se rétrécissant beaucoup vers le bord interne, brun rose, estompé de brunâtre au-dessus de la nervure radiale, marque grande, de la couleur foncière, bordée de quelques point noirs ; au delà, une large fascie brunâtre tombe de la côte sur la rayure post-médiane ; cette dernière est noir brunâtre, obsolète en avant, aboutissant loin de l'apex, bordée extérieurement de blanc, puis d'une large ombre brunâtre, espace anté-terminal brunâtre clair, rayure subterminale brunâtre, espace terminal brun rose.

Aile postérieure : disque testacé en avant, roux ferrugineux en arrière ; œil grand, gris jaunâtre, avec une grosse pupille blanche, cerclé de noir ; d'abondants poils noirs vont de l'œil au bord interne, faisant comme une ombre portée sur le disque ; à peu de distance, une large rayure arrondie, noire, borde le disque, puis viennent un espace rosâtre, une rayure arrondie brune interrompue sur les nervures, une bande brun clair tangente à la frange ; frange rosâtre clair.

Face inférieure : jaune roussâtre pâle ; la marque apparaît en noir pupillé de blanc ; l'œil est représenté par un point discoïdal blanc ; deux bandes plus obscures sur le tiers postérieur de chaque aile.

Coll. Ch. Oberthür, Laboratoire.

Automeris Larra, WALK.

Hyperchiria Larra, Walk., *Cat. Lep. B. M.*, p. 1293, 1855.
Io Palegon, Boisd., *loc. cit.*, p. 211.
Automeris Larra, Druce, *Biol. Cent. Amer. Lep.*, p. 180.

Habitat : Brésil.

Envergure : mâle, 9 à 10 cm. ; femelle, 12 à 13 cm., pl. XIV, fig. 2 et 3.

Femelle. Tête et thorax bruns, antennes brunâtres, abdomen d'un fauve plus ou moins roux.

Aile antérieure : apex obtus, bord externe presque droit. Coloration foncière gris violâtre ; espace basilaire plus foncé que le fond ; rayure

SATURNIENS

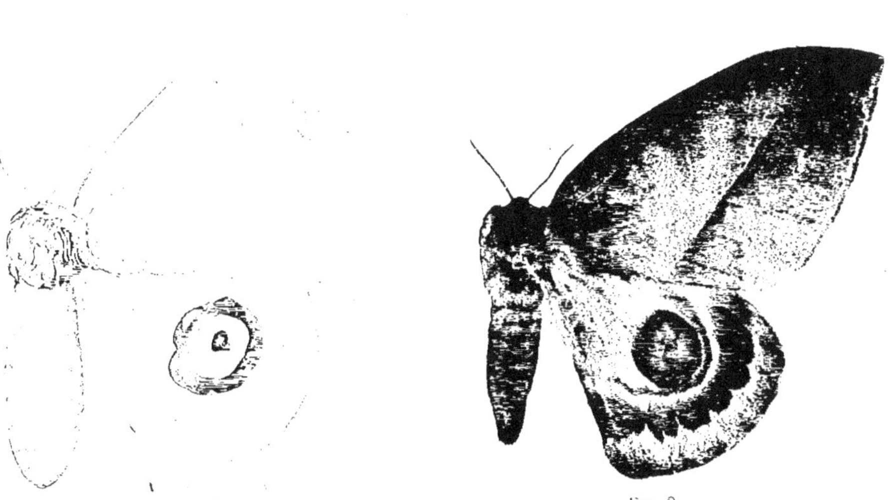

Fig. 1.

Fig. 2.

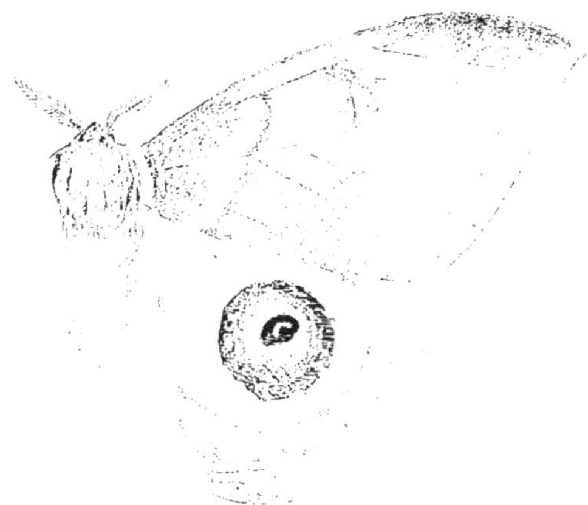

Fig. 3

Fig. 1. *Automeris Zelleri*. Grotte.   Fig. 2. *Automeris Larra*, Walk, femelle.
Fig. 3. *Automeris Larra*, mâle.

extra-basilaire brune, coudée ; marque légèrement plus sombre que le fond, rectangulaire avec les sommets marqués de points noirs, centre marqué d'un point blanc ; au delà, une fascie sombre tombe de la côte sur la rayure post-médiane ; celle-ci brune, lisérée intérieurement de blanc violâtre, se termine à distance de l'apex ; espace antéterminal plus foncé que l'espace terminal dont il est séparé par une limite sinuée sur toute sa longueur.

Aile postérieure : coloration foncière glauque ocracé couvert sur la base et le bord postérieur de longs poils fauves ; œil très grand, gris jaunâtre largement cerclé de noir, à pupille noirâtre couverte de quelques écailles blanches ; au delà, une rayure arrondie, large, à peine ondulée, noire, tangente à l'œil et, plus loin, une large bande arrondie, noirâtre, à bord externe festonné.

Face inférieure : coloration rousse ; aile antérieure avec une marque noire, irrégulière, sans pupille apparente ; aile postérieure avec un gros point blanc sur le centre de l'œil.

Mâle. Diffère de la femelle par son aile antérieure grise plus ou moins jaunâtre, lavé de pourpre et la rayure arrondie de l'aile postérieure non tangente à l'œil.

Coll. Ch. Oberthür.

Automeris denticulatus, *n. sp.*

Habitat : Amazone.

Envergure : mâle, 9 cm., pl. XV, fig. 1.

Mâle. Tête et thorax brun noir, antennes brunâtres, abdomen fauve cerclé de noirâtre.

Aile antérieure : bord externe droit, légèrement falqué, apex peu aigu. Coloration foncière grisâtre ; espace basilaire gris violâtre ; rayure extra-basilaire très en zigzag, blanchâtre, partiellement bordée d'ocre du côté interne ; espace médian gris noir, partiellement blanchâtre dans sa moitié antérieure, marque grande, polygonale, gris marron, bordée de trois points noirs en dehors et de deux en dedans, pupillée d'un très petit point blanc ; au delà, une fascie marron peu nette tombe de la côte sur la rayure post-médiane ; cette dernière festonnée, blanchâtre, bordée intérieurement d'ocracé, aboutit à distance de l'apex ; espace antéterminal gris violâtre, rayure subterminale en zigzag, blanchâtre, espace terminal jaune grisâtre.

Aile postérieure : coloration foncière marron couverte depuis la

base jusqu'à l'œil de poils fauve roussâtre, œil grand de la couleur
du fond, cerclé de brun noir, pupille petite, noire, couverte d'un trait
blanc et de nombreuses écailles blanches ; au delà, une rayure arrondie, noirâtre ; le reste de l'aile marron dans sa moitié interne, gris
blanchâtre dans sa moitié externe ; frange gris jaunâtre.

Face inférieure : marron uniforme ; aile antérieure avec une marque polygonale, marron, pupillée de blanc ; au delà, une rayure sombre, obsolète, espace terminal gris blanchâtre ; aile postérieure avec
un beau point blanc correspondant au centre de l'œil ; un peu au
delà, une rayure sombre peu nette, portion terminale légèrement
blanchâtre.

Coll. Ch. Oberthür.

Rapports et différences. Cette belle espèce se rapproche de *O. Larra*
Walk dont elle diffère par la coloration blanchâtre des rayures et
l'abondance d'écailles blanches sur l'aile antérieure ; la forme et la
couleur de la rayure submarginale.

Automeris inornata, WALK., *Lep. Brit. Museum.*, p. 1302, 1835.

Io fumosa, Boisd., *op. cit.*, p. 2.6.

Habitat : Brésil.

Envergure : mâle, 8 cm. ; femelle, 9 cm., pl. XV, fig. 2.

Mâle. Tête et thorax gris obscur enfumé ; abdomen roux jaunâtre
avec une bande gris obscur sur chaque anneau.

Aile antérieure : coloration foncière gris obscur enfumé ; espace
basilaire sombre ; rayure extra-basilaire brisée, brune ; espace médian
à reflets brillants, marque grande, de la couleur foncière, pupillée de
blanc ; bordure brune, irrégulière, peu apparente ; au delà, une légère
bande ombrée tombe du bord costal sur la rayure post-médiane ; cette
dernière se termine à l'apex, brune, bordée intérieurement de blanc ;
le reste de l'aile brun sombre, les deux espaces étant séparés par une
limite blanchâtre très obsolète.

Aile postérieure : coloration foncière comme l'aile antérieure ; œil
moyen, plus foncé que le fond, cerclé de brun sombre, pupille presque
obsolète (absente selon Boisduval) ; au delà, une rayure arrondie brun
sombre, puis une seconde rayure parallèle, de même couleur et très
obsolète.

SATURNIENS

Fig. 1.

Fig. 2.

Fig. 3.

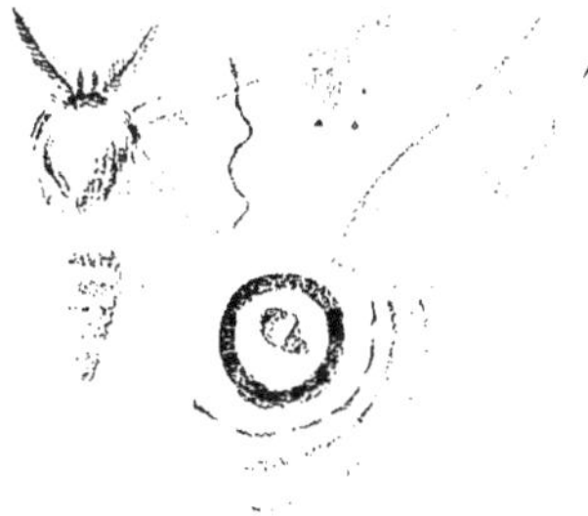

Fig. 4.

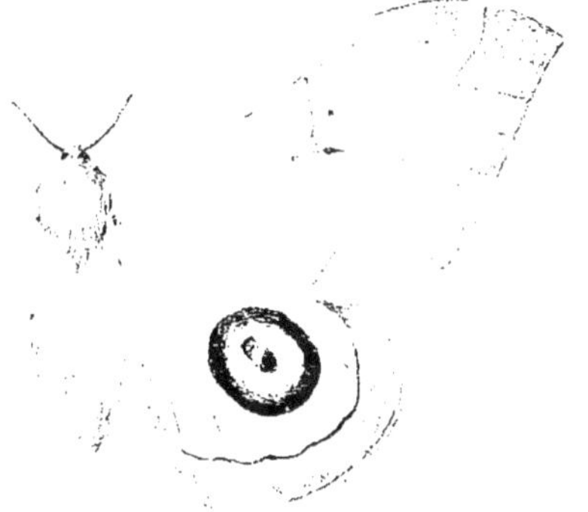

Fig. 5.

Fig. 6.

Fig. 1. *Automeris denticulatus*, n. sp.
Fig. 2.   —   *inornata*, Walk.
Fig. 3.   —   *tristis*. Boisd.

Fig. 4. *Automeris Banus*, Boisd, mâle.
Fig. 5.   —   *Banus*, Boisd. femelle.
Fig. 6.   —   *Phales*, Boisd.

Face inférieure : corps noir fumeux ; aile antérieure d'un noir fumeux, marque représentée par un point blanc, une rayure noire entre ce point et le bord externe ; aile postérieure noirâtre, un point blanc représente l'œil, deux rayures noirâtre foncé très obsolètes.

Femelle. Ne diffère du mâle que par sa taille plus grande

Coll. Ch. Oberthür, Laboratoire.

Automeris tristis, Boisd.

Io tristis, Boisd., *op. cit.*, p. 226.

Habitat : Brésil.

Envergure : femelle. 8 cm., pl. XV, fig. 3.

Femelle. Tête, thorax et abdomen d'un gris obscur.

Aile antérieure : légèrement falquée. Coloration foncière d'un gris obscur peu brillant comme chez l'*Automeris inornata Boisd* ; rayure extra-basilaire sinueuse, très obsolète, un peu plus pâle que le fond ; marque brunâtre, à contours faiblement anguleux, les sommets marqués d'un petit point noir, le centre avec une très petite pupille blanche ; rayure post-médiane un peu concave, s'infléchissant surtout en avant pour se terminer très près de l'apex, gris jaunâtre pâle, doublée de brunâtre en dehors.

Aile postérieure : même coloration foncière que l'antérieure ; œil de grandeur moyenne, grisâtre, cerclé de noir, puis de jaunâtre, centre avec des écailles blanches figurant un croissant ; au delà, une rayure arrondie, ondulée, noire ; le reste de l'aile grisâtre vers le bord .

Face inférieure : noir grisâtre ; aile antérieure avec la marque noire pupillée de blanc, et, au delà, une rayure oblique noire ; sur l'aile inférieure, l'œil est représenté par un gros point blanc.

Coll. Ch. Oberthür.

Cette espèce est très voisine de la précédente.

Automeris Banus, Boisd.

Io Banus, Boisd., *op. cit.,* p. 212.

Automeris Banus, Druce, *Biol. Centr. Amer. Lep.*, t. I, p. 177, tab. XVI, fig. 8, femelle.

Habitat : Mexique, Panama.

Envergure : femelle, 11 cm. 1/2, pl. XV. fig. 4 et 5.

Femelle. Tête et thorax brun sombre, abdomen fauve avec les articulations brunâtres.

Aile antérieure : non falquée, apex en pointe mousse ; coloration foncière brun rougeâtre ; espace basilaire brun jaunâtre ; rayure extrabasilaire un peu sinuée, sombre, bordée extérieurement de clair ; espace médian brun, marque sombre, mal indiquée, avec quelques points noirs sur le bord et un macule blanc au centre ; rayure post-médiane presque rectiligne, se terminant à distance de l'apex, noirâtre, bordée intérieurement de clair ; les deux espaces terminaux séparés par une rayure subterminale pâle, très effacée.

Aile postérieure : coloration fauve pâle, œil grand, gris marron, cerclé de noir ; pupille noire, semée d'écailles blanches avec un trait blanc mal défini ; au delà, une rayure arrondie, noire, légèrement festonnée, puis une bande arrondie, roux sombre, bordée extérieurement de blanc.

Druce a figuré (Tab XVII, fig. 1 mâle) comme mâle de *A. Banus* une forme qui s'éloigne par trop de caractères de la femelle décrite ci-dessus ; je ne puis croire que se soit bien là le mâle de *A. Banus Boisd*.

Automeris Pylades, Boisd.

Io Pylades, *op. cit.*, p. 213.

Habitat : Brésil.
Envergure : mâle, 9 à 10 cm. ; femelle, 12 à 13 cm., pl. XVI, fig. 1.
Femelle: Tête et thorax bruns, abdomen entièrement fauve.

Aile antérieure : apex légèrement détaché ; coloration foncière rougeâtre tirant un peu sur le violâtre ; rayure extra-basilaire brun jaunâtre, faisant un crochet sur la nervure cubitale ; espace médian avec une marque allongée, plus sombre que le fond et, au delà, une large fascie brune tombant de la côte sur la rayure post-médiane ; cette dernière concave, jaunâtre, se terminant dans l'apex ; les deux espaces antéterminal et subterminal vaguement séparés par une rayure très obsolète.

Aile postérieure : coloration foncière fauve, œil grand, gris jaunâtre, cerclé de noir et pupillé d'une tache noire renfermant un petit trait blanc et quelques écailles blanches ; au delà, une rayure arrondie, festonnée, noire ; le reste de l'aile de la couleur foncière avec une bande arrondie rougeâtre, presque au milieu.

Face inférieure : coloration foncière roussâtre clair ; aile antérieure avec la marque noire pupillée de blanc ; aile postérieure avec un point blanc au centre de l'œil et, plus loin, deux bandes brunâtres, obsolètes, placées sur le tiers postérieur.

Mâle. Diffère de la femelle par la coloration roussâtre des ailes supérieures et le blanc de la pupille beaucoup plus développé.

Coll. Ch. Oberthür.

Automeris Phales, Boisd., *loc. cit.*, p. 213.

Habitat : Amérique du Sud.

Envergure : mâle, 7 cm. 1/2, pl. XV, fig. 6.

Mâle. Tête et thorax marrons, abdomen brun clair.

Aile antérieure : apex arrondi. Coloration foncière marron ; rayure extra-basilaire brisée, marron foncé, bordée extérieurement de jaune ; espace médian un peu plus foncé, marque grande, grise avec un trait sombre au milieu et quelques points noirs marquant les angles du bord ; rayure post-médiane concave, se terminant près de l'apex, un peu sinuée vers cette extrémité, marron foncé, bordée intérieurement de jaune ; espace terminal plus clair que le fond.

Aile postérieure : roux fauve ; œil grand, gris jaunâtre, à pupille noire semée d'écailles blanches, cercle large, noir ; au delà, une rayure arrondie, festonnée, étroite, noire, puis une bande parallèle, non sinuée, brune ; le reste de l'aile un peu plus foncé le long du bord externe.

Face inférieure roux vif, plus foncé aux extrémités ; aile supérieure avec une marque noire pupillée de blanc et une rayure obsolète brune ; aile inférieure avec un point blanc représentant l'œil et une rayure obsolète brune.

Coll. Ch. Oberthür.

Automeris flavomarginatus, *n. sp.*

Habitat : Nouvelle Grenade.

Envergure : femelle, 8 cm. 1/2, pl. XVI, fig. 2.

Femelle. Tête et thorax brun roussâtre, antennes fauves, abdomen fauve roussâtre.

Aile antérieure : apex pointu ; coloration foncière violâtre ; espace basilaire brun violâtre, rayure extra-basilaire dentée, brunâtre clair, estompée extérieurement de jaunâtre ; marque polygonale, allongée, brunâtre, pupillée d'un petit point blanc ; au delà, une fascie brune peu apparente ; marque polygonale, brunâtre, allongée, pupillée d'un très petit point blanc ; rayure post-médiane concave, se terminant à l'apex, brunâtre, bordée intérieurement de jaune ; espace antéterminal violâtre, espace terminal avec un peu de jaunâtre ; frange violâtre.

Aile postérieure : coloration roux fauve ; œil marron roux, cerclé de noir, grosse pupille oblongue avec un gros macule blanc et quelques écailles blanches ; au delà, une rayure arrondie, légèrement festonnée, noirâtre, puis une large bande brique sombre, le reste de l'aile un peu violâtre.

Face inférieure : coloration gris roussâtre clair ; aile antérieure avec la marque noirâtre clair à grosse pupille blanche et suivie d'une rayure brune ; aile postérieure avec un point blanc correspondant au centre de l'œil et suivi d'une rayure brune.

Coll. Ch. Oberthür.

Rapports et différences. Se rapproche de A. *Phales* dont elle diffère par les dimensions de la pupille et du cercle de l'œil.

Automeris proximus, *n. sp.*

Habitat : Equateur.

Envergure : mâle, 10 cm., pl. XVI, fig. 3.

Mâle. Tête et thorax noir brillant, antennes brunâtres, abdomen roux brique annelé de brun noirâtre.

Aile antérieure : à peine falquée. Coloration foncière grisâtre arrosé d'écailles blanches, les nervures marquées en gris jaunâtre ; rayure extra-basilaire sinuée, brunâtre ; marque grande, présentant trois dents du côté externe surmontées chacune d'un point noir, grisâtre, couverte d'écailles blanches ; au delà, une fascie gris marron tombe du bord costal sur la rayure post-médiane ; cette dernière rayure presque droite, brunâtre, aboutissant à distance de l'apex ; espace antéterminal marron ; espace terminal gris blanchâtre ; frange gris jaunâtre.

Aile postérieure : tout le disque couvert de poils roux fauve ; œil grand, marron, cerclé de brun noir, une grande pupille ovale, noire, semée d'écailles blanches avec un gros macule blanc ; au delà, une rayure arrondie, noirâtre, interrompue sur les nervures et, un peu

SATURNIENS

Fig. 1.

Fig. 2.

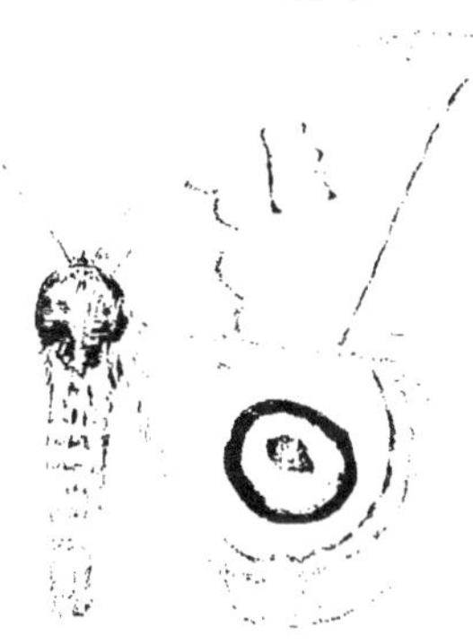

Fig. 3.

Fig. 4.

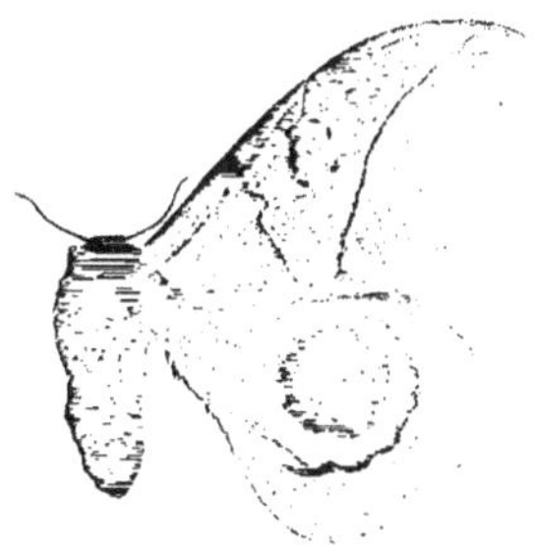

Fig. 5.

Fig. 6.

Fig. 1. *Automeris Pylades*, Boisd.
Fig. 2.   —   *flavomarginatus*, n. sp.
Fig. 3.   —   *proximus*, n. sp.

Fig. 4. *Automeris amœna*, Boisd.
Fig. 5.   —   *Coresus*, Boisd.
Fig. 6.   —   *Coresus*, Boisd, cocon.

plus loin, une bande parallèle plus pâle, s'épatant contre le bord interne et limitant le disque ; le reste de l'aile grisâtre arrosé d'écailles blanches.

Face inférieure : abdomen rouge brique très vif ; aile antérieure jaunâtre couvert de vineux sur ses trois quarts supérieurs ; côte ocracée, marque marron, ovale, largement cerclée de noirâtre et pupillée de blanc ; au delà, une large rayure sombre, rectiligne ; aile postérieure gris violâtre semé d'écailles blanches, les nervures se détachant en brique ; un gros point blanc correspondant au centre de l'œil et, au delà, deux rayures sombres convergentes vers le bord antérieur ; bord externe brique ; frange grisâtre ; bord interne de l'aile postérieure couvert de poils roux.

Rapports et différences. Cette espèce se rapproche de 'A. *Coresus* dont elle s'éloigne par la forme anguleuse de la marque et celle des rayures antérieures.

Automeris amœna, Boisd.

lo amœna, Boisd., *op. cit.*, p. 216.

Habitat : Cayenne.
Envergure : mâle, 7 cm. ; femelle, 9 cm., pl. XVI, fig. 4.
Femelle. Tête et thorax bruns, abdomen fauve.
Aile antérieure : apex pointu, bord extérieur presque droit. Coloration foncière roux violâtre ; espace basilaire un peu plus obscure que le fond ; rayure extra-basilaire sinuée, jaunâtre ; espace médian d'un gris violâtre clair ; marque polygonale, allongée, un peu brunâtre, pupillée de blanc, une large fascie sombre tombe de la côte sur la rayure post-médiane, au delà de la marque ; rayure post-médiane presque droite, aboutit sur la côte à distance de l'apex, gris blanchâtre ; espace antéterminal plus foncé que l'espace terminal.
Aile postérieure : coloration uniforme fauve ; œil assez grand, jaune cerclé de noir, à pupille allongée, grande, noire, coupée d'un trait blanc entouré de quelques écailles blanches; au delà, une rayure arrondie, légèrement festonnée, noire, et, un peu plus loin, une bande arrondie roussâtre ; le reste de l'aile roux violâtre.
Face inférieure : coloration foncière rougeâtre ; aile antérieure avec la marque moyenne, noire, pupillée de blanc ; aile postérieure avec

un gros point blanc correspondant au centre de l'œil et, au delà, deux bandes transversales brunâtres

Mâle. Diffère de la femelle par ses ailes antérieures gris roussâtre plus sombres à la base ; la rayure post-médiane est plus concave, tous les dessins sont moins brillants ; la pupille de l'œil est plus petite, ronde, très couverte de blanc.

Coll. Ch. Oberthür.

Automeris Coresus, Boisd.

Io Coresus, *op. cit.*, p. 211.

Habitat : Buenos-Ayres.

Envergure : mâle, 9 à 11 cm. ; femelle, 12 cm., pl. XVI, fig. 5 et 6.

Mâle. Tête et thorax couverts de poils brun noir ; abdomen roux avec quelques poils noirs dans la région médiane antérieure.

Aile antérieure : coloration foncière grisâtre ; rayure extra-basilaire oblique, coudée sur la nervure médiane, brune, bordée de clair du côté externe ; marque ovale, bordée de points noirs et pupillée d'un point noir ; au delà, une fascie sous-costale sombre tombe de la côte sur la rayure post-médiane ; celle-ci curviligne, se terminant à distance de l'apex, foncée du côté externe, claire du côté interne ; espace antéterminal plus sombre que l'espace terminal ; rayure subterminale sinuée.

Aile postérieure : coloration foncière comme sur l'aile antérieure ; disque couvert de poils roux brique ; œil brunâtre, cerclé de noir avec, au centre, un court trait blanc entouré d'écailles blanches ; au delà, une rayure arrondie, légèrement festonnée, noire ; le reste de l'aile formé d'un bande interne étroite, foncée et d'une bande externe plus large, claire.

Face inférieure : roux brique ; aile antérieure avec la marque noire pupillée de blanc et suivie d'une rayure sombre, des écailles noires semées sur la portion distale ; aile postérieure brique entièrement semée d'écailles noires, avec un point blanc correspondant au centre de l'œil.

Femelle. Ailes plus foncées avec tous les dessins plus accusés que chez le mâle.

Chenilles grégaires dans le jeune âge ; vivent sur un arbuste de la famille des Euphorbiacées assez commun au bord des eaux. A l'état adulte, elles ont la tête d'un noir brillant, le corps brun noir et les anneaux hérissés de touffes de soies jaunes.

Cocon allongé, irrégulier, mince, brun jaunâtre foncé.

Coll. Laboratoire.

Automeris maculatus, *n. sp.*

Habitat : Guyane française.

Envergure : mâle, 8 cm., pl. XVII, fig. 1.

Mâle. Tête et thorax brunâtres, antennes brun fauve, abdomen fauve cerclé de brunâtre clair.

Aile antérieure : très légèrement subfalquée, apex en pointe. Coloration foncière café au lait ; rayure extra-basilaire rectiligne, brune, presque parallèle au corps ; marque grande, formée de trois grosses taches brunâtres épatées entourant un espace grisâtre clair ; rayure post-médiane très concave, brune ; rayure subterminale brunâtre très clair, festonnée.

Aile postérieure : coloration roux fauve ; œil grand, marron cerclé de brun noir, une très petite pupille excentrique noire semée d'écailles blanches ; au delà, une rayure arrondie noirâtre ; le reste de l'aile d'abord gris fauve, puis gris blanchâtre ; bord brun fauve.

Face inférieure : café au lait roussâtre ; aile antérieure avec la marque noirâtre suivie de deux rayures un peu sombres, la seconde dentelée ; aile postérieure un peu plus foncée, avec un point blanc correspondant au centre de l'œil et suivi d'une rayure un peu plus sombre que le fond, frange sombre.

Coll. Ch. Oberthür.

Automeris illustris, WALK.

Hyperchiria illustris, Walk., *Cat. Lep. B. M.*, p. 1285.

Io Coffeæ, Boisd., *loc. cit.*, p. 214.

Habitat : Rio-Janeiro.

Envergure : femelle, 11 cm., pl. XVII, fig. 2.

Femelle. Tête et thorax brun noir ; antennes testacées, abdomen fauve.

Aile antérieure : très faiblement falquée, brun rougeâtre ; espace basilaire uniforme ; rayure extra-basilaire oblique, un peu coudée, brunâtre, bordée extérieurement de jaunâtre, espace médian glacé de blanchâtre, marque pentagonale, plus sombre, avec quelques points noirs au sommet ; au delà, une fascie brune tombe de la côte sur la rayure post-médiane; celle-ci cuvirligne, concave, se terminant près de l'apex, brunâtre, bordée intérieurement de jaunâtre qui, vers le sommet, est remplacé par un trait blanc retourné à l'extrémité ; espace antéterminal un peu plus foncé que l'espace terminal.

Aile postérieure : fauve brique ; œil moyen, brun marron, cerclé de noir, pupille ronde, noire, arrosée d'écailles blanches ; au delà, une rayure arrondie, noire, faiblement tremblée, le reste de l'aile brunâtre clair avec une bande arrondie roux brique, parallèle à la rayure.

Face inférieure : aile antérieure rougeâtre, avec deux rayures sombres dont la plus extérieure est ondulée, bord cendré, marque grande, noire, pupillée de blanc ; aile postérieure cendrée, avec un point noir au centre de l'œil, presque tangent à une rayure brune.

Coll. Ch. Oberthür.

Chenille vert brillant avec de longues touffes d'épines vert jaunâtre, qui sont très venimeuses, un petit point bleu sur chaque stigmate.

Cocon tissé parmi les feuilles.

Automeris divergens, Boisd,

> **Phalæna jucunda mâle**, Cramer, *Pap. Exot.*, pl. 249 A.
> **Io Divergens**, Boisd., *op. cit.*, p. 218.

Patrie : Surinam.

Envergure : femelle, 7 cm., pl. XVII, fig. 3.

Boisduval a décrit sous le nom de *A. divergens* un individu figuré par Cramer comme mâle de *Jucunda*.

Mâle. Corps tout entier d'un jaune d'ocre.

Aile antérieure : falquée, bord antérieur très convexe. Coloration foncière roux un peu foncé ; rayure extra-basilaire remplacée par une large bande jaune ocracé ; marque ovale, marron très foncé, pupillée de noir et accolée en dehors à une grosse tache jaune ocracé ; rayure post-médiane jaune passant au brun sombre en avant et se terminant à distance de l'apex ; rayures subterminales et terminales jaune ocracé ainsi que l'extrémité des nervures.

Aile postérieure : fauve roussâtre; œil oblong, de la couleur du fond, cerclé de noir, pupille noire, allongée, pointillée d'écailles blanches ; au delà, une rayure arrondie, noire, très courte ; bord jaune ocracé.

Fig. 1.

Fig. 2.

Fig. 3.

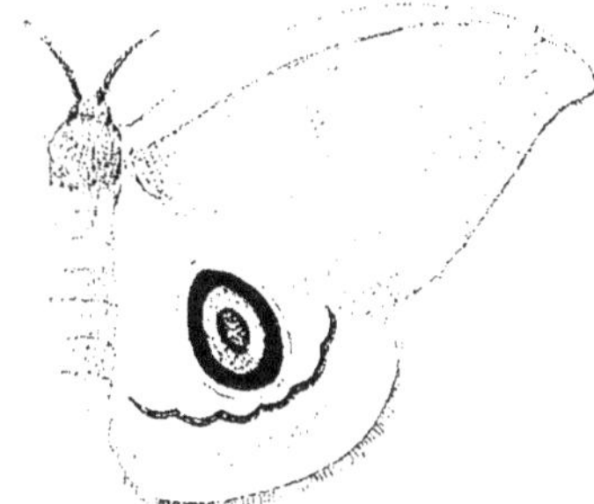

Fig. 4.

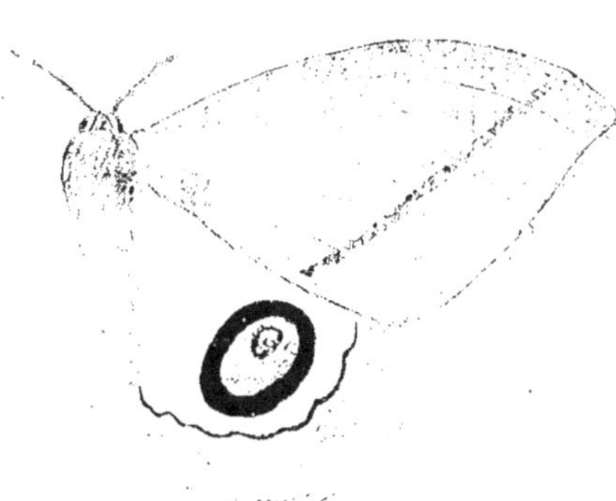

Fig. 5.

Fig. 6.

Fig. 1. *Automeris maculatus*, n. sp.
Fig. 2.   —   *illustris*, Walk.
Fig. 3.   —   *divergens*, Boisd.
Fig. 4. *Automeris jucunda*, Cram.
Fig. 5.   —   *Hersilia*, Boisd.
Fig. 6.   —   *pictus*, n. sp.

Face inférieure : sur chaque aile, d'après Cramer, il existe un point blanc entouré de noir et une bande transversale commune d'un rouge obscur.

Automeris Hersilia, Boisd.

Arminia femelle, Cramer, 356 A.
Io Hersilia, Boisd., *op. cit* , p. 238.

Habitat : Surinam.
Envergure : femelle, 10 cm. 1/2, pl. XVII, fig. 5.
Femelle. Tête et thorax brun violâtre, antennes jaunâtres, abdomen roux vineux.

Aile antérieure : bord antérieur convexe, apex pointu. Coloration foncière brun vineux avec deux taches ocracées à l'insertion ; espace basilaire un peu plus foncé que le fond ; marque non apparente ; rayure post-médiane large, légèrement convexe, se terminant à distance de l'apex, noire ; le reste de l'aile uniformément de la couleur foncière, frange violâtre.

Aile postérieure : coloration d'un roux vineux ; œil grand, marron foncé, cerclé de noir, puis de jaunâtre, pupillé de noir avec un petit trait blanc en croissant et quelques écailles blanches ; au delà, une rayure arrondie, festonnée, noire, suivie d'une large bande obscure ; le reste de l'aile de la couleur foncière.

Face inférieure : rouge brun ; d'après Cramer, il existe, sur chaque aile, une tache blanche, allongée, renfermée dans un anneau noir.

Automeris jucunda, Cramer, *Pap. Exot.*, pl. 356, B, C, la femelle.

Io Jucunda, Boisduval, *op. cit.*, p. 217.

Habitat : Brésil, Cayenne, Surinam.
Envergure : femelle, 10 cm., pl. XVII, fig. 4.
Femelle. Tête et thorax couverts de poils bruns, abdomen roux brique.

Aile antérieure : apex bien détaché ; coloration foncière violâtre uniforme ; rayure extra-basilaire peu visible, dentelée ; espace médian avec la marque roussâtre ou violâtre foncé, dentée du côté externe, et, au delà, une fascie roussâtre tombant de la côte sur la rayure post-médiane ; celle-ci aboutit près de l'apex, brune, bordée intérieurement de blanchâtre ; le reste de l'aile à peu près uniforme.

Aile postérieure : coloration foncière roux brique ; œil brun clair cerclé de noir puis de jaune et pupillé de noir avec un trait blanc et des écailles blanches ; au delà, une rayure arrondie, festonnée, noire, bordée de jaunâtre des deux côtés ; le reste de l'aile de la couleur du fond avec une bande arrondie roussâtre parallèle à la rayure et très rapprochée de celle-ci.

Face inférieure : roux violâtre ; aile antérieure plus foncée ; marque noirâtre pupillée de blanc avec, au delà, une rayure transversale roux brique ; aile postérieure avec un point blanc au centre de l'œil presque tangent à une rayure sombre.

Mâle. Aile antérieure roux clair panaché de gris blanc le long de la côte ; rayure post-médiane blanche ; aile postérieure roux clair un peu fauve ; œil noir cerclé de jaune avec le milieu gris jaunâtre pupillé de blanc.

Coll. Ch. Oberthür, Laboratoire.

Automeris pictus, *n. sp.*

Habitat : Guyane française.

Envergure : mâle, 9 cm., pl. XVII, fig. 6.

Mâle. Tête et thorax brunâtres, antennes fauve ocracé ; abdomen roux fauve.

Aile antérieure : bord externe très droit. Coloration foncière gris jaunâtre ; rayure extra-basilaire brisée, brune, bordée extérieurement de jaunâtre ; marque ovale, gris noir avec un point central et une bordure diffuse de points noirs ; rayure post-médiane brunâtre, bordée intérieurement de jaunâtre, se terminant loin de l'apex ; espace anté-terminal marron grisâtre ; espace terminal plus clair.

Aile postérieure : roux fauve ; œil grand, marron grisâtre, cerclé de noir, pupille oblongue, noire, coupée d'un trait blanc et semée d'écailles blanches ; au delà, une rayure arrondie, à peine festonnée, noire, bordée intérieurement d'un peu de jaunâtre, puis une bande arrondie brunâtre, obsolète ; le reste de l'aile gris jaunâtre.

Face inférieure : gris roussâtre ; aile antérieure avec une grosse marque arrondie, pupillée de blanc et, au delà, une rayure noirâtre ;

aile postérieure avec un gros point blanc, auréolé de grisâtre, correspondant au centre de l'œil et suivi d'une rayure noirâtre.

Coll. Ch. Oberthür.

Rapports et différences. Cette espèce a quelques rapports avec la
précédente dont elle diffère par la forme de l'œil et les rayures cur-
vilignes et non festonnées de l'aile postérieure.

Automeris sinuatus, *n. sp.*

Habitat : Nouvelle-Grenade.

Envergure : femelle, 9 cm., pl. XVIII, fig. 1.

. *Femelle*. Tête et thorax brun plus ou moins jaunâtre, antennes fauves, abdomen roux jaunâtre.

Aile antérieure : bord externe droit, apex pointu. Coloration foncière
brun plus ou moins jaunâtre, glacé de blanchâtre ; espace basilaire
plus foncé, rayure extra-basilaire fortement sinuée, brune, largement
bordée de jaunâtre du côté extérieur; marque brune, allongée, pupillée
de blanc ; au delà, une fascie transversale brunâtre, obsolète ; rayure
post-médiane presque droite, brune, bordée intérieurement de jaunâtre ; espace antéterminal brunâtre ; espace terminal brun jaunâtre ;
rayure subterminale sinuée sur toute sa longueur ; bord brunâtre.

Aile postérieure : coloration roux fauve ; œil oblong, marron, cerclé
de noir, bordée extérieurement de jaune, pupille oblongue, noire, coupée
d'un trait blanc et semée d'écailles blanches ; au delà, une rayure arrondie, festonnée, noire, vaguement estompée de jaunâtre, puis, presque
au contact de la rayure, une bande arrondie brun rouge; bord brunâtre.

Face inférieure : aile antérieure fauve avec une grosse marque
ronde, noire, pupillée de blanc, et, au delà, une rayure rectiligne,
brune ; aile postérieure fauve brunâtre, un point blanc correspond
au centre de l'œil, avec, au delà, une rayure brune.

Coll. Ch. Oberthür.

Rapports et différences. Cette espèce se rapproche de la précédente
dont elle diffère par la forme très en zigzag de la rayure extra-
basilaire et par sa teinte plus rouge.

Automeris Moloneyi, DRUCE, *Biol. Centr. Amer. Lep.*, t. II,
p. 417, tab. LXXXI, fig. 1 ♂ et 2 ♀.

Habitat : Honduras.

Envergure : mâle, 8 cm. ; femelle. 9 cm. 1/2, pl. XVIII, fig. 2.

Mâle. Tête, antennes et thorax brun sombre, abdomen brun jaunâtre.

Aile antérieure : bord externe droit, apex pointu. Coloration foncière jaune brunâtre ; espace basilaire un peu plus foncé ; rayure extra-basilaire dentée, brunâtre, bordée extérieurement de jaune ; marque gris brunâtre avec un trait sombre au centre et bordée de noirâtre, une fascie brunâtre au delà ; rayure post-médiane presque droite, se terminant à une petite distance de l'apex, brunâtre, bordée intérieurement de jaune ; espace antéterminal gris jaunâtre, espace terminal jaunâtre.

Aile postérieure : rouge brique noirâtre ; œil gris marron, largement cerclé de noir, puis de jaune, pupille noire coupée d'un trait blanc et semée d'écailles blanches ; au delà, une rayure arrondie, à peine festonnée, bordée intérieurement de jaune, le reste de l'aile d'abord de la couleur foncière puis, plus loin, jaune d'ocre.

Face inférieure : coloration jaune brunâtre ; aile antérieure avec une grande marque noire suivie de deux lignes rosâtres ; aile postérieure avec une tache blanche correspondant au centre de l'œil et suivie d'une rayure rosâtre.

Femelle. Aile antérieure brun rouge sombre, arrosé d'écailles blanches le long du bord extérieur ; aile postérieure avec le bord extérieur densément semé d'écailles blanches ; face inférieure bien plus sombre que chez le mâle.

Automeris orneates, Druce, *Biol. Cent. Amer. Lep.*, t. II, p. 419, tab. LXXXII, fig. 1 ♂ et 2 ♀ .

Habitat : Panama.

Envergure : mâle, 8 cm. 1/2 ; femelle, 12 cm., pl. XVIII, fig. 3.

Mâle. Tête, antennes, thorax et abdomen bruns ; segment anal brun jaunâtre.

Aile antérieure : bien falquée, apex allongé. Coloration foncière brun rougeâtre, plus pâle sur l'espace médian ; rayure extra-basilaire non visible, marque grisâtre peu apparente ; rayure post-médiane grisâtre bordée de clair, se terminant près de l'apex.

Aile postérieure : disque noir brunâtre, œil petit, allongé, brun noirâtre, bordé de noir puis de jaune et pupillé de blanc ; au delà, une large rayure arrondie sombre ; le reste de l'aile jaunâtre.

FIG. 1.

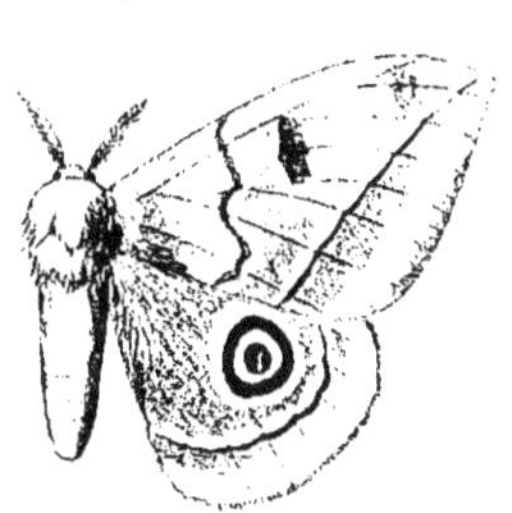

FIG. 2.

FIG. 3.

FIG. 4.

FIG. 5.

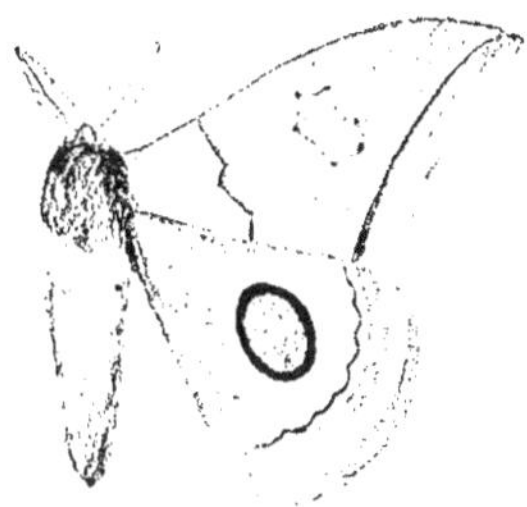

FIG. 6.

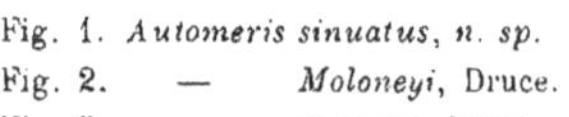

Fig. 1. *Automeris sinuatus*, n. sp.
Fig. 2.   —   *Moloneyi*, Druce.
Fig. 3.   —   *orneates*, Druce.

Fig. 4. *Automeris crassus*, n. sp.
Fig. 5.   —   *tridens*, Herr. Schæf.
Fig. 6.   —   *cinctistriga*, Feld.

Face inférieure : aile antérieure jaune de chrome, avec le bord costal, l'apex, le bord interne et la base brun sombre.

Femelle. Diffère du mâle par ses ailes antérieures brun violâtre, roses sur l'espace médian et ses ailes postérieures également plus rouges que chez le mâle.

D'après Druce.

Automeris crassus, nov. spec.

Habitat : Guyane française.

Envergure : mâle, 9 cm., pl. XVIII, fig. 4.

Mâle. Tête et thorax brun sombre, antennes fauves, abdomen roux brique.

Aile antérieure : à peine falquée ; apex peu pointu. Coloration foncière jaune brunâtre, marquée de blanc à l'insertion ; espace basilaire brunâtre, rayure extra-basilaire en zigzag, jaune, marque allongée, à bord crênelé, avec des points noirs à chaque sommet, noirâtre, pupillé de sombre ; rayure post-médiane fine, se terminant très près de l'apex, jaunâtre bordé extérieurement de brunâtre ; espace antéterminal brunâtre, espace terminal brun jaunâtre ; frange brunâtre.

Aile postérieure : coloration foncière roux brique ; œil grand, marron grisâtre, largement cerclé de noir, bordé de jaune, pupille noire coupée d'un trait blanc et semée d'écailles blanches ; au delà, une rayure arrondie, à peine festonnée, noire, bordée de jaune des deux côtés, puis, au contact, une bande arrondie brune ; le reste de l'aile gris brun jaunâtre.

Face inférieure : coloration roux jaunâtre un peu vineux sur l'aile postérieure ; aile antérieure avec la marque irrégulière, noire, à grosse pupille blanche, suivie d'une rayure post-médiane brunâtre ; extrémité apicale tachée de brunâtre ; aile postérieure avec un gros point blanc auréolé de brunâtre, correspondant au centre de l'œil et suivi, de très près, par une rayure rectiligne noirâtre.

Automeris tridens, Herr. Schœff.

Io tridens, Herrich-Schæffer, *Exot. Schmett.*, 389.
Io tridens, Boisduval, *op. cit.*, p. 215.

Habitat : Brésil.

Envergure : mâle, 8 cm. 1/2, pl. XVIII, fig. 5.

Mâle. Tête et thorax brun jaunâtre, abdomen roux.

Aile antérieure : légèrement falquée, apex arrondi. Coloration foncière gris roussâtre ; rayure extra-basilaire en zigzag, jaune, peu visible ; marque indiquée par des points noirs formant la bordure ; ces points, au nombre de trois du côté externe, sont quelquefois les sommets de trois dents ; une large fascie sombre tombe, à peu de distance de la côte, sur la rayure post-médiane, cette rayure est concave, se terminant à une petite distance de l'apex, jaune ; le reste de l'aile avec les deux espaces peu différenciés et le bord jaune.

Aile postérieure : fauve rougeâtre ; œil gris jaunâtre cerclé de noir puis de jaune, pupillé d'écailles blanches ; au delà, une rayure arrondie, faiblement festonnée, noire légèrement liserée de jaune ; le reste de l'aile formé de deux bandes dont l'interne est la plus foncée ; bord moins jaune que sur l'aile antérieure.

Face inférieure : coloration jaune roux un peu fauve, marque arrondie, noire, pupillée de blanc ; œil représenté par un petit point blanc.

Coll. Ch. Oberthür.

Automeris cinctistriga.

A. **Cinctistriga**, Felder, *Reise de Novara*, Bnd 2, pl. 99, fig. 4.
Io **Cinctistriga**, Boisd., *op. cit.*, p. 216.

Habitat : Amérique Centrale.

Envergure : mâle, 8 cm., pl. XVIII, fig. 6.

Mâle Tête et thorax brun sombre, antennes brunâtres, abdomen roux fauve.

Aile antérieure : très faiblement falquée ; coloration foncière gris brun jaunâtre ; rayure extra-basilaire sinuée, jaunâtre, bordée intérieurement de brunâtre ; marque grande, polygonale, bordée de clair, avec chaque sommet marqué d'un point noir ; rayure post-médiane légèrement concave, jaunâtre, bordée intérieurement de brunâtre, se terminant près de l'apex ; espace antéterminal plus foncé que l'espace terminal.

Aile postérieure : rouge fauve ; œil oblong, gris brunâtre, cerclé de noir, puis de jaune, pupillé de blanchâtre ; au delà, une rayure arron-

die, festonnée, noire, bordée de jaune des deux côtés ; le reste de l'aile
d'abord rouge fauve, puis brunâtre et grisâtre.

Automeris rubrescens, WALK.

Hyperchiria rubrescens, Walk., *Cat. Lep. B. M* , VI, p. 1281.
Automeris rubrescens, Druce, *Biol. Cent. Amer. Lep.*, t. I, p. 181.
Io erubescens, Boisd., *op. cit.*, p. 238.

Habitat : Mexico, Guatemala, Honduras, Nicaragua, Panama.
Envergure : mâle, 9 cm., pl. XIX, fig. 1.
Mâle. Tête et thorax brun sombre, antennes brunâtres, abdomen
ferrugineux.

Aile antérieure : apex pointu ; coloration foncière roussâtre, légèrement glacée de blanchâtre ; insertion marquée d'une touffe de poils
blancs ; rayure post-médiane sinuée, jaunâtre, bordée intérieurement
de brunâtre ; marque polygonale, allongée, bordée de quelques points
noirs, avec un trait sombre au centre ; au delà, une fascie sombre
tombe de la côte sur la rayure post-médiane ; celle-ci droite, n'atteignant pas l'apex, s'effaçant en avant, brunâtre, bordée intérieurement
de jaunâtre, espace antéterminal un peu plus foncé que l'espace terminal.

Aile postérieure : rougeâtre, œil grand, brunâtre, largement cerclé
de noir, bordé extérieurement de jaune, pupille allongée, noire, semée
d'écailles blanches ; au delà, une rayure arrondie, noire, festonnée,
bordée des deux côtés de jaune ; le reste de l'aile d'abord brun rougeâtre, puis grisâtre et gris jaunâtre.

Face inférieure : aile antérieure plus pâle qu'en dessus, marque
grande, arrondie, noire, pupillée de blanc ; aile postérieure avec un
point blanc correspondant au centre de l'œil et deux rayures brunâtres
peu distinctes.
Coll. Ch. Oberthür, British Museum.

Automeris Godarti, BOISD.

Io Godarti, Boisd., *op cit* , p. 219.

Habitat : Mexique ? Colombie ?
Envergure : mâle, 7 cm. 3/4 ; femelle, 13 cm., pl. XIX, fig. 2 et 3.
Mâle. Tête et thorax bruns, abdomen roussâtre.

Aile antérieure : bord costal bien arrondi, apex un peu pointu. Coloration foncière roux fauve avec le bord des épaulettes blanc ; espace basilaire un peu plus roussâtre que le fond ; rayure post-médiane sinuée, jaunâtre ; espace médian semé d'écailles blanches, marque allongée, brune, bordée de cinq petits points noirs dont trois en dehors et deux en dedans et pupillée d'un point noir ; rayure post-médiane se terminant très près de l'apex, jaunâtre ; espace antéterminal plus foncé que l'espace terminal, ce dernier un peu jaune .

Aile postérieure : fauve roussâtre ; œil de la couleur du fond, largement cerclé de noir, avec une pupille centrale petite, noire, coupée d'un court trait blanc ; au delà de l'œil, une forte rayure arrondie, festonnée, noire, bordée de jaune du côté interne ; le reste de l'aile un peu plus foncé dans son tiers interne.

Face inférieure : coloration roux clair ; aile antérieure avec la marque bien arrondie, petite, pupillée de blanc ; aile inférieure avec un point blanc correspondant au centre de l'œil et deux rayures obsolètes placées au delà sur le tiers postérieur, un peu plus foncées que le fond.

Coll. Ch. Oberthür.

Automeris bilinea. W_{ALK.}

Hyperchiria bilinea, Walk., *Cat. Lep. B.M.*, p. 1289.

Habitat : Brésil, Para.

Envergure : femelle, 10 cm. 1/2, pl. XIX, fig. 4.

Femelle. Tête et thorax brunâtres, abdomen roux brique.

Aile antérieure : très faiblement falquée, apex arrondi ; coloration foncière gris blanchâtre clair ; espace basilaire marqué de blanc à l'insertion ; rayure extra-basilaire légèrement convexe, blanche ; marque ovale, de la couleur du fond, bordée de brun ; au delà, une fascie brune tombe de la côte sur la rayure post-médiane ; cette rayure très concave, se terminant à l'apex, blanche ; le reste de l'aile brunâtre clair coupé par une rayure subterminale claire.

Aile postérieure : roux brique ; œil moyen, brunâtre, entouré de trois cercles successivement noir, jaune et noir, pupillé de noir semé de quelques écailles blanches; au delà, une rayure arrondie, festonnée, noire, bordée de jaune des deux côtés ; le reste de l'aile roux brique dans sa moitié interne, brunâtre dans sa moitié externe.

Face inférieure : aile antérieure avec la marque noire pupillée de blanchâtre ; aile postérieure avec un point blanc correspondant au centre de l'œil et tangent à une rayure brun pâle peu distincte.

Coll. British Museum.

Automeris angulatus, *n. sp.*

Habitat : Amazones.

Envergure : mâle, 7 cm. 1/2, pl. XIX, fig. 5.

Mâle. Tête et thorax brun foncé ; antennes testacées, abdomen rouge brique.

Aile antérieure : extrêmement falquée. Coloration foncière brun clair, foncé dans la région apicale avec une petite touffe blanche à l'insertion ; espace basilaire uniforme ; les rayures extra-basilaire et post-médiane convergent sur le bord postérieur ; la première est fine, brun foncé, anguleuse ; espace médian plus foncé que le fond, marque foncée en rectangle allongé à bords irréguliers, un long trait sombre au milieu ; au delà, une large bande brun foncé descend de la côte sur la rayure post-médiane ; cette dernière est étroite, brune, aboutit loin de l'apex ; espace antéterminal légèrement ombré, séparé de l'espace terminal par une rayure bosselée.

Aile postérieure : disque couvert de poils roux brique ; œil assez grand, gris marron, encerclé d'un anneau large, noir, puis d'un fin liseré jaune, petite pupille noire couverte d'écailles blanches ; au delà, une rayure arrondie, festonnée, noire, bordée des deux côtés d'abord de jaune, puis de grisâtre ; le reste de l'aile roussâtre, plus clair intérieurement ; frange brunâtre.

Face inférieure : coloration foncière roux vineux ; marque grande, irrégulière, à petite pupille blanche ; au delà, une rayure sombre, obsolète postérieurement ; aile inférieure très vineuse, un point blanc représente l'œil.

Coll. Ch. Oberthür.

Rapports et différences. Espèce tout à fait particulière.

Automeris falcata, Boisd.

Io falcata, Boisd., *op. cit.*, p. 231.

Habitat : Amérique du Sud.

Envergure : mâle, 6 cm. 1/2, pl. XX, fig. 1.

Aile antérieure ; très falquée, apex peu pointu. Coloration foncière grisâtre clair ; espace basilaire clair ; rayure extra-basilaire oblique, presque rectiligne, claire, bordée intérieurement de foncé ; espace médian grisâtre ; marque polygonale, brune, bordée de clair ; rayure post-médiane concave, se terminant sur la côte, à distance de l'apex, jaunâtre clair, bordée intérieurement de sombre ; espace antéterminal plus foncé que l'espace terminal.

Aile postérieure : grisâtre légèrement violacé ; œil brun noir, cerclé de noir, puis de jaune, et pupillé d'écailles blanches ; au delà, une fine rayure arrondie, faiblement festonnée, noir ; le reste de l'aile gris blanchâtre avec une bande arrondie, peu saillante, parallèle à la rayure.

Face inférieure : coloration foncière gris blanchâtre ; aile antérieure lavée d'une teinte légèrement vineuse sur toute sa base et son milieu, marque noire pupillée de blanc ; aile postérieure avec un petit point blanc auréolé de violâtre, et suivi d'une rayure droite, violâtre.

Automeris acuminata, MAAS et WEYM.

Hyp. acuminata, Maas et Weÿm., *Beiträge Schmett.*, fig. 119, 1886.

Habitat : Brésil.

Envergure : femelle, 7 cm. 1/2, pl. XIX, fig. 6.

Femelle. Tête et thorax brun rose, antennes ocracées ; abdomen brun rose avec le bord postérieur de chaque anneau bordé de brun foncé.

Aile antérieure : très longue, faiblement falquée, apex arrondi. Coloration foncière brun rosâtre, espaces basilaire et médian non séparés l'un de l'autre, dans le second on voit quelques points noirs disposés en lignes sur les nervures ; rayure post-médiane faiblement concave, jaune, bordée intérieurement d'un filet rouge, espace antéterminal gris noir, espace terminal brun rose, frange gris noir.

Aile postérieure : disque jaune clair, couvert sur sa base et le long des bords antérieur et postérieur de poils brun rose ; œil oblong, noir, semé de gros macules blancs ; au delà, une première rayure arrondie, festonnée, noire, limite le disque ; tout le reste de l'aile est brun rosâtre coupé, au milieu, par une rayure noire.

Automeris Macareis, SCHAUS., *On new species of Lepidoptera Helerocera; Proceeding of the Zoological Society of London*, 1892. SCHAUS., *American Lepidoptera*, Plate III, fig. 3.

Habitat : Petropolis, Brésil.

Envergure : mâle, 7 cm. ; femelle, 8 cm. 1/2, pl. XX, fig. 3.

Mâle. Tête brun rose, antennes ocracées, thorax brun rose couvert partiellement de poils brun foncé, abdomen brun rose.

Aile antérieure : bord externe convexe, apex pointu ; coloration foncière brun rose de plus en plus foncé en allant du bord postérieur au bord antérieur qui est brun noir ; rayure extra-basilaire anguleuse, étroite, grisâtre ; espace médian avec la marque de la couleur du fond, grande, ovale, non saillante ; au delà, une courte fascie grisâtre, triangulaire, tangente à la côte ; rayure post-médiane droite, brun foncé, espace antéterminal brun, espace terminal plus clair, rayure subterminale, sinuée, brun foncé, bordée intérieurement de clair.

Aile postérieure brun rosâtre, un peu jaune entre l'œil et la rayure qui limite le disque ; œil marron foncé, cerclé de noir et pupillé de blanc ; au delà, une rayure arrondie noire, puis une étroite bande arrondie jaune clair et une large rayure arrondie, sinuée, marron foncé ; le reste de l'aile brun rosâtre.

Femelle. Diffère du mâle par sa couleur gris rosâtre ; l'absence de jaune entre l'œil et la rayure arrondie de l'aile postérieure, l'abdomen brun rougeâtre avec de larges bandes noires transversales.

Automeris falcifer, *n. sp.*

Habitat : Cayenne.

Envergure : mâle, 8 cm., pl. XX, fig. 2.

Mâle. Tête et thorax brun noir, antennes testacées, abdomen jaune couvert dorsalement de poils rouges.

Aile antérieure : bord externe remarquablement falqué. Coloration foncière brun jaunâtre, plus foncé dans la région apicale ; insertion marquée d'une touffe de poils blancs ; rayure extra-basilaire très oblique, faiblement anguleuse en deux points, marque très oblongue, de la couleur du fond avec une très petite pupille blanche et une bordure irrégulière brun foncé ; rayure post-médiane rectiligne, très fine, aboutissant loin de l'apex, brune, lisérée intérieurement d'un filet clair ; espace terminal café au lait dans sa moitié inférieure ; frange brune.

Aile postérieure : disque jaune d'ocre couvert de poils rouge brique sur toute la base et les deux bords adjacents, ne laissant que très peu de jaune autour de l'œil ; œil grand, brunâtre, pupillé d'écailles blanches et largement cerclé de noir ; un peu au delà, une mince rayure arrondie noire, bordée extérieurement de jaune ; le reste de l'aile rouge brique dans sa moitié antérieure et café au lait dans l'autre moitié ; frange brunâtre.

Face inférieure : gris jaunâtre ; aile antérieure largement couverte de poils roses sur l'espace compris entre la première nervure anale et le bord interne postérieur, marque grande, noire, pupillée d'un gros point blanc ; au delà, une rayure brune, obsolète ; frange brun noir ; aile postérieure avec des poils roses sur la base et le long du bord interne ; un très petit point blanc représente l'œil, deux rayures arrondies brunes très obsolètes, frange d'abord jaunâtre, puis brun noir, vers l'angle anal.

Cette belle espèce est tout à fait spéciale.

Coll. Ch. Oberthür.

Automeris Basalis, Walk., *Cat. Lep. Brit. Museum*, p. 1297, 1865.

Habitat : Venezuela, Rio-Janeiro, Brésil.

Envergure : femelle, 10 cm., pl. XX, fig. 4.

Femelle. Tête et thorax brunâtres, antennes jaunâtres, abdomen brun rose.

Aile antérieure : coloration foncière brunâtre plus clair que le thorax ; insertion blanche, espace basilaire un peu plus foncé que le fond, rayure extra-basilaire sinuée, brun foncé ; espace médian avec la région apicale très foncée ; marque grande, ovale, brune, à bords plus foncés, un petit point blanc au centre ; rayure post-médiane rectiligne, brun foncé, bordée intérieurement de clair, se terminant à distance de l'apex ; espace antéterminal brunâtre foncé, séparé par une limite bosselée ; espace terminal plus clair.

Aile postérieure : coloration foncière jaune, couverte de poils brun rose sur la base, les bords antérieurs et postérieurs ; œil grand, gris brun, pupillé d'écailles blanches et largement cerclé de noir ; au delà, une rayure arrondie presque tangente à l'œil, festonnée, noire ; le reste

FIG. 1.

FIG. 2.

FIG. 3.

FIG. 4.

FIG. 5.

Fig. 1. *Automeris falcata*, Boisd, mâle.
Fig. 2.   —   *falcifer, n. sp.*
Fig. 3.   —   *Macareis*, Schaus.

Fig. 4. *Automeris basalis*, Walk.
Fig. 5.   —   *umbrata*, Boisd.

de l'aile brun rose couvert, dans sa moitié interne, par une bande plus foncée, parallèle et presque tangente à la rayure, le bord extérieur également plus foncé.

Face inférieure : café au lait foncé ; marque fumeuse à pupille blanche ; au delà, une rayure convexe sombre ; œil représenté par un point blanc tangent à une rayure sombre.

Mâle. Diffère de la femelle par le dessus de son abdomen qui est rose ainsi que les poils de la portion interne de l'aile postérieure.

British Museum.

Automeris umbrata, Boisd.

Io umbrata, *op. cit.*, p. 227.

Habitat : Brésil.

Envergure : mâle, 6 cm., pl. XX. fig. 5.

Mâle. Tête et thorax brunâtres, antennes brunes ; abdomen rouge brique.

Aile antérieure : à peine falquée, apex non aigu. Coloration foncière brunâtre ; espace basilaire un peu plus foncé ; rayure extra-basilaire ombrée, peu apparente ; le milieu de l'espace médian couvert par une large bande noirâtre qui descend de la côte et va en s'amincissant jusque sur le bord interne ; rayure post-médiane concave, aboutissant à l'apex, jaune ; le reste de l'aile ombré de grisâtre.

Aile postérieure : jaune verdâtre, presque complètement couvert à la base et sur les bords par des poils brunâtres ; œil petit grisâtre pupillé d'un petit trait blanc et largement cerclé de noir ; au delà, une large bande noire, arrondie se continuant contre le bord interne et en arrière par des poils noirs ; le reste de l'aile brun avec une bande arrondie, noire, au milieu.

Face inférieure : roux pâle ; aile antérieure grisâtre vers l'apex, marque noire, pupillée de blanc ; œil représenté par un court trait blanc, une rayure transverse va de l'angle anal au bord extérieur.

Automeris complicata, Walk.

Hyp. complicata, Walk., *Cat. Lep. B. M.*, VI, p. 1306, 1875.

Habitat : Vénézuela.

Envergure : mâle, 6 cm., pl. XXI, fig. 1.

Mâle. Tête et thorax marrons, antennes marrons, abdomen grisâtre.

Aile antérieure : très légèrement falquée, coloration foncière brun foncé ; rayure extra-basilaire anguleuse, brun noir ; marque brun foncé, petite, à contours anguleux ; rayure post-médiane rectiligne, légèrement concave, brun noir ; le reste de l'aile brun noir surtout sur l'espace antéterminal.

Aile postérieure : coloration foncière jaune d'or, couvert de poils gris noir sur la base et les bords antérieurs et postérieurs, œil moyen, arrondi, brun, pupillé de quelques écailles blanches, cerclé de noir ; au delà, une large rayure arrondie, noire ; le reste de l'aile marron.

Automeris Jivaros, Dognin, *Le Naturaliste*, p. 10, 1890.

Patrie : Zamora.
Envergure : mâle, 6 cm., pl. XXI, fig. 2.
Mâle. Tête et thorax couverts de poils bruns roux épais, dessus de l'abdomen noir, extrémité postérieure garnie de poils brun rose ainsi que le dessus du corps.

Aile antérieure : bord externe droit. Coloration foncière brun rouge, rosâtre du côté externe ; insertion blanche ; espace basilaire brun, rayure extra-basilaire marron, dentée ; espace médian plus rosâtre vers le bord interne et plus foncé vers l'apex, marque grande, pentagonale, avec les angles marqués d'un point sombre, pupillée d'un petit point blanc ; rayure post-médiane presque droite, rapprochée, à la base, de l'extra-basilaire, se terminant à l'apex, brun marron ; le reste de l'aile coupé transversalement par une rayure subterminale, très obsolète, un peu plus foncée que le fond.

Aile postérieure : disque jaune couvert à la base, contre les bords internes et antérieurs de poils noirs ; œil moyen, brunâtre, cerclé de noir, centre largement arrosé d'écailles blanches dont quelques-unes forment une strie blanche ; au delà, une rayure arrondie, légèrement ondulée, noire, limite le disque ; le reste de l'aile rosâtre, couvert, dans sa moitié antérieure, d'une bande arrondie gris noir.

Face inférieure rosée, marque grande, noire, pupillée de blanc, un peu au delà, une rayure plus foncée que le fond ; œil représenté par un point blanc tangent à une rayure oblique fauve.

Coll. Laboratoire.

Automeris melanops, Walk., *Cat. Lep. Brit. Museum*

Habitat : Brésil.

Envergure : femelle, 10 cm., pl. XXI, fig. 3.

Mâle. Tête et thorax marrons, antennes fauves, abdomen rougeâtre cerclé de noir sur chaque anneau.

Aile antérieure : légèrement falquée, apex arrondi. Coloration foncière marron rosâtre ; insertion avec une touffe de poils blancs ; espace basilaire marron ; rayure extra-basilaire brisée, marron foncé ; espace médian marron avec la marque polygonale un peu plus foncée que le fond, et, au delà de celle-ci, une fascie également plus foncée ; rayure post-médiane légèrement concave, rectiligne, noire, aboutissant à l'apex, espace antéterminal marron rosâtre, espace terminal rose.

Aile postérieure : disque jaune couvert, le long des bords sur toute la base, de poils brun rose ; œil gris, largement cerclé de noir, à grosse pupille noire arrosée d'écailles blanches ; au delà, une rayure arrondie, à peine ondulée, noire, limite le disque ; le reste de l'aile rose brunâtre clair, près du bord externe, avec une bande arrondie parallèle à la rayure, brun rouge.

Face inférieure : coloration foncière fauve, la marque des ailes antérieures est représentée par un gros œil noir pupillé de blanc ; l'œil des ailes postérieures par un point blanc tangent à une rayure plus foncée.

Femelle. Diffère du mâle par son corps violâtre, ses ailes antérieures gris violâtre, ses ailes postérieures dont le disque jaune est plus clair, la bande brun rouge plus large.

British Museum.

Automeris Brasiliensis, Boisd.

Io Brasiliensis, Boisd., *op. cit.*, p. 220.

Patrie : Brésil.

Envergure : mâle, 8 cm. ; femelle, 9 à 11 cm., pl. XXI, fig. 4.

Mâle. Tête et thorax brunâtres, antennes testacées, abdomen café au lait, couvert de larges rayures noires.

Aile antérieure : bien falquée, brun rosâtre avec l'insertion marquée de blanc ; espace basilaire brun, rayure extra-basilaire dentée, plus foncée que le fond ; espace médian passant au marron vers la région apicale et au rosâtre vers le bord interne, marque grande, à bords sinueux, marron foncé ; au delà, une bande marron, transversale, coupe cet espace en deux ; rayure post-médiane droite, se terminant à l'apex, marron foncé, bordée extérieurement de blanchâtre ; le reste de l'aile marron clair dans sa première moitié, légèrement rosâtre dans la deuxième, entre les deux, une limite sinuée ; frange marron.

Aile postérieure : coloration foncière du disque jaune d'ocre couverte en grande partie de poils rougeâtres depuis la base jusque vers l'œil ; œil assez grand, brunâtre, cerclé de noir et pupillé de noir, semé d'écailles blanches dont quelques-unes figurent un trait blanc ; au delà, une mince rayure arrondie, noire, à peine festonnée, estompée extérieurement de jaune, puis une bande très rapprochée, arrondie, rougeâtre, et le reste de l'aile marron.

Face inférieure : gris roussâtre, marque grande, arrondie, noire, pupillée de blanc ; œil représenté par un point blanc, placé sur une rayure transversale plus foncée, obsolète.

Femelle. Diffère du mâle par sa taille, ses ailes antérieures non falquées, les poils rougeâtres des ailes postérieures densément mêlées de poils gris, la coloration foncière générale plus pâle.

Collection Ch. Oberthür.

Automeris altus, *n. sp.*

Habitat : Guyane française.

Envergure : femelle, 9 cm. 1/2, pl. XXI, fig. 5.

Femelle. Tête et thorax brun noir, antennes fauves ; abdomen roux brique plus foncé sur la ligne médio-dorsale.

Aile antérieure : apex pointu ; coloration foncière brun rosâtre, marquée d'un peu de blanc à l'insertion ; espace basilaire brun sombre, rayure extra-basilaire oblique, brisée, noirâtre ; marque ovale, plus sombre que le fond, pupillée d'un point blanc ; espace médian plus foncé vers la côte et dans l'angle apical ; rayure post-médiane rectiligne, brun noir bordé intérieurement de rosâtre ; espace antéterminal brun grisâtre, espace terminal rosâtre dans sa moitié postérieure et gris brunâtre dans sa moitié supérieure ; frange concolore.

Aile postérieure : coloration foncière rosâtre, avec un peu de jaune ocracé sur le disque tout autour de l'œil ; œil brunâtre, cerclé de noir et pupillé d'un arc blanc avec quelques écailles blanches ; peu au

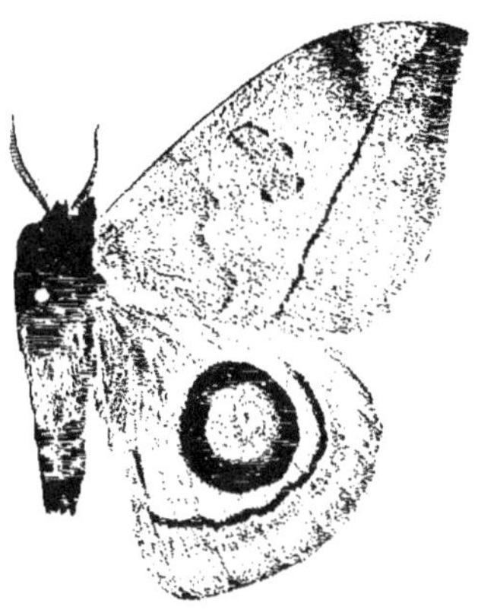

Fig. 1.

Fig. 2.

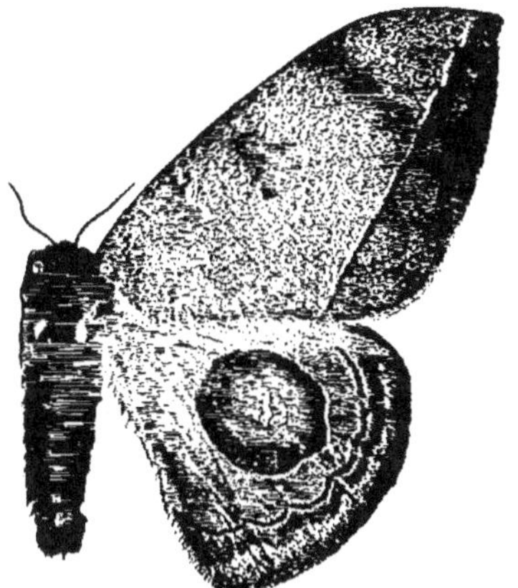

Fig. 3.

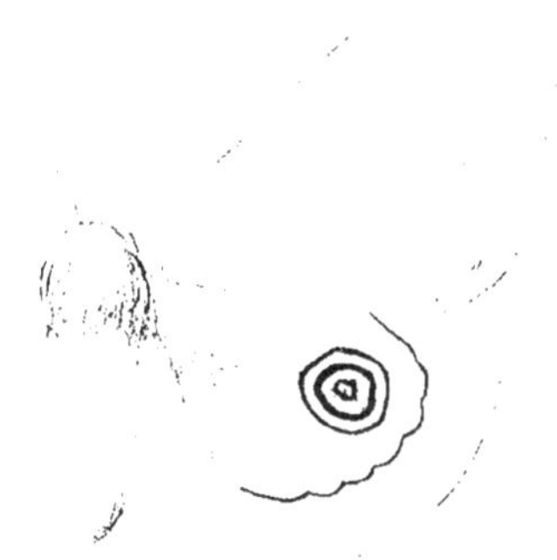

Fig. 4.

Fig. 5.

Fig. 6.

Fig. 1. *Automeris rubrescens*, Walk.   Fig. 4. *Automeris cilinea*, Walk.
Fig. 2.   —   *Godarti*, Boisd. mâle.   Fig. 5.   —   *angulatus*, n. sp.
Fig. 3.   —   *Godarti*, Boisd, femelle.   Fig. 6.   —   *acuminata*, Maas et Weym.

delà, une grosse rayure arrondie noire ; le reste de l'aile de la couleur foncière avec une bande arrondie plus foncée près de la rayure et une bande semblable, plus étroite contre la frange.

Face inférieure : coloration foncière gris rosâtre ; aile antérieure avec la marque ovale, fumeuse, pupillée de blanc et, au delà, une fine rayure foncée et deux autres rayures de même couleur, plus larges, très obsolètes ; région apicale et bord externe très sombres ; aile postérieure : un court trait blanc représente l'œil, il est presque tangent à une rayure arrondie un peu plus foncée que le fond.

Coll. Ch. Oberthür.

Rapports et différences. Cette espèce se rapproche beaucoup de l'*A. Arminia Cram.*, elle n'en diffère que par la convergence des rayures principales sur l'aile antérieure.

Automeris Serpina, Butl., *Lepidoptera of the Amazons Entom. Society London*, 1878.

Habitat : Amérique du Sud.

Envergure : femelle, 11 cm., pl. XXII, fig. 1.

Femelle. Tête et thorax bruns, antennes fauves, abdomen brun clair.

Aile antérieure : subfalquée. Coloration foncière brun rose clair ; rayure extra-basilaire mal définie, seulement distincte au milieu ; marque grisâtre, peu distincte, bordée de quelques points sombres ; rayure post-médiane oblique, droite, aboutissant loin de l'apex, bordée intérieurement par une bande diffuse ferrugineuse ; aire apicale couverte d'une teinte ferrugineuse ; frange plus pâle que le fond.

Aile postérieure : coloration foncière jaune, couverte sur la base, et le long des bords antérieurs et postérieurs par des poils brun clair ; œil grand, brunâtre, avec une petite pupille noire, semée d'écailles blanches, cercle noir ; au delà, une rayure arrondie, très festonnée, noire ; le reste de l'aile brun avec une bande arrondie plus foncée, festonnée, parallèle à la rayure.

Face inférieure : un peu plus rousse que la supérieure ; aile antérieure avec une marque grise pupillée de blanc et la bordure noirâtre ; aile postérieure avec une tache blanche représentant l'œil.

British Museum, un exemplaire frotté.

Automeris Boucardi, Druce, *Biolog. Central. Americ.*, t. I,
p. 178, tab. XVII, fig. 5 ♂ et 6 ♀.

Patrie : Costa-Rica.

Envergure : mâle, 6 cm. ; femelle, 8 cm., pl. XXI, fig. 6.

Mâle. Tête et thorax bruns ; abdomen noir avec des poils roses en
avant et des poils fauves en arrière ; antennes testacées.

Aile antérieure : légèrement falquée. Coloration foncière brun roux
avec le bord costal plus foncé et l'insertion blanche ; rayure extra-
basilaire dentée, marron foncé ; espace médian faiblement semé
d'écailles blanches, sauf vers l'angle apical ; marque grande, à contours marqués de cinq points noirs, une petite tache blanche au
centre ; rayure post-médiane concave, se terminant à l'apex, brune,
bordée intérieurement de jaunâtre ; le reste de l'aile divisé en deux
régions par une limite sinuée, la région interne est la plus sombre ;
frange brun rose.

Aile postérieure : arrondie. Coloration foncière jaune d'or, couverte
de poils rouge brun sur les bords antérieur, postérieur et la base ;
œil moyen, brun noir, cerclé de noir et pupillé de nombreuses écailles
blanches ; au delà, une rayure arrondie noire ; le reste de l'aile brun
marron avec une bande arrondie, brun rouge, parallèle et voisine
de la rayure, frange marron.

Face inférieure brun rougeâtre ; la marque noire pupillée de blanc,
avec, au delà, une large rayure grisâtre aboutissant loin de l'apex ;
œil représenté par un petit point blanc tangent à une rayure marron,
obsolète.

Femelle. Plus grande que le mâle et avec les ailes antérieures bien
plus pâles que celles du mâle.

Coll. Laboratoire.

Automeris Boucardi, var. **violacea** *mihi*.

Cette variété, représentée dans la collection du Laboratoire par un
seul exemplaire femelle, diffère du type par la coloration foncière
brun violâtre des ailes antérieures ; les ailes inférieures sont également violâtres sauf le centre du disque qui reste jaune. Le thorax
est brun noir, la tache blanche de l'insertion est plus réduite. La face
inférieure des ailes est café au lait.

Automeris nebulosus, *n. sp.*

Habitat : Amérique du Sud.

Envergure : mâle, 7 cm., pl. XXII, fig. 6.

Mâle. Tête et thorax brun marron, antennes testacées, abdomen rosâtre.

Aile antérieure : marron ; espace basilaire marron foncé avec une touffe blanche à l'insertion, et des poils brun clair sur le bord interne ; rayure extra-basilaire anguleuse, marron foncé ; espace médian un peu plus clair, sauf dans l'aire apicale ; marque ovale, grande, fumeuse, bordée de noirâtre ; rayure post-médiane rectiligne, oblique, légèrement rentrante vers le bord costal, marron foncé, bordée intérieurement de blanc ; espace antéterminal plus foncé que l'espace terminal ; frange concolore.

Aile postérieure : disque jaune couvert en grande partie, à partir de la base par des poils rosâtres ; œil grand, arrondi, tronqué du côté interne, brunâtre, à peine pupillé de quelques écailles blanches, large cercle noir ; un peu au delà, une rayure arrondie, rectiligne, noire, faiblement bordée de jaune du côté externe, le reste de l'aile brun rose dans sa première moitié, puis café au lait d'abord clair puis plus foncé contre le bord externe, frange concolore.

Face inférieure : café au lait, marque arrondie, grande, noire, pupillée de blanc, tangente à une rayure brune obsolète ; œil représenté par un point blanc tangent à une rayure brune obsolète qui lui est antérieure.

Rapports et différences. Voisin de *A. basalis* dont il diffère par le dessin des ailes postérieures et surtout par la rayure arrondie rectiligne et non festonnée.

Coll. Ch. Oberthür.

Automeris Ovalina, *n. sp.*

Habitat : Amérique du Sud.

Envergure : femelle, 7 cm. 1/2, pl. XXII, fig. 3.

Femelle. Tête et thorax brunâtres, ce dernier bordé postérieurement de poils roses, abdomen rouge brique.

Aile antérieure : coloration foncière brun uniforme, avec l'insertion blanche, espace basilaire un peu plus foncé, rayure extra-basilaire non apparente ; espace médian clair sauf dans la région apicale ; marque légèrement plus foncée, à bords anguleux ; une très petite pupille blanche ; rayure post-médiane rectiligne, concave, se terminant à l'apex, brune, bordée intérieurement de blanc rosé ; le reste de l'aile brun uniforme.

Aile postérieure : disque jaune couvert sur la base et les bords antérieurs et postérieurs de poils rouges ; œil très oblong, brunâtre, densément arrosé d'écailles blanches avec un court trait blanc au centre ; cercle noir, épais ; un peu au delà, une rayure noire, épaisse, sinuée, bordée extérieurement d'un peu de jaune ; le reste de l'aile brun marron dans sa première moitié et plus clair dans le reste.

Face inférieure : café au lait ; marque moyenne, noire, à pupille blanche avec, au delà, une large rayure sombre ; œil représenté par un point blanc avec, au delà, une rayure rousse, obsolète.

Rapports et différences. Espèce voisine de *A. Zozine, Druce*, dont elle s'éloigne surtout par la rayure post-médiane de l'aile antérieure qui est concave, et par l'œil qui est oblong.

Automeris pallens, *n. sp.*

Habitat : Guyane française.

Envergure : mâle, 7 cm. ; femelle, 9 cm., pl. XXII, fig. 5.

Mâle. Tête et thorax gris roussâtre, antennes testacées, abdomen blanchâtre avec le dessus de chaque anneau largement couvert par une rayure brunâtre.

Aile antérieure : légèrement falquée, apex pointu. Coloration foncière café au lait très clair vers le bord extérieur, plus foncé vers le bord costal, un peu de blanc à l'insertion ; rayure extra-basilaire dentée, marron ; marque grande, arrondie, avec quelques points plus sombres mal indiqués sur le bord, marron ; rayure post-médiane mince, droite, se fondant dans l'apex, brun orangé, faiblement bordée de jaune intérieurement, le reste de l'aile plus clair, l'espace antéterminal séparé de l'espace terminal par une limite sinuée, le premier un peu plus foncé que le second, frange brune.

Aile postérieure : disque jaune d'ocre couvert partiellement de poils gris rosâtre sur la base, les bords antérieur et postérieur ; œil grand, légèrement ovale, brun noir, cerclé de noir, pupillé d'écailles blanches ; au delà, une première rayure fine, arrondie, à peine festonnée, noire, le reste de l'aile café au lait couvert partiellement,

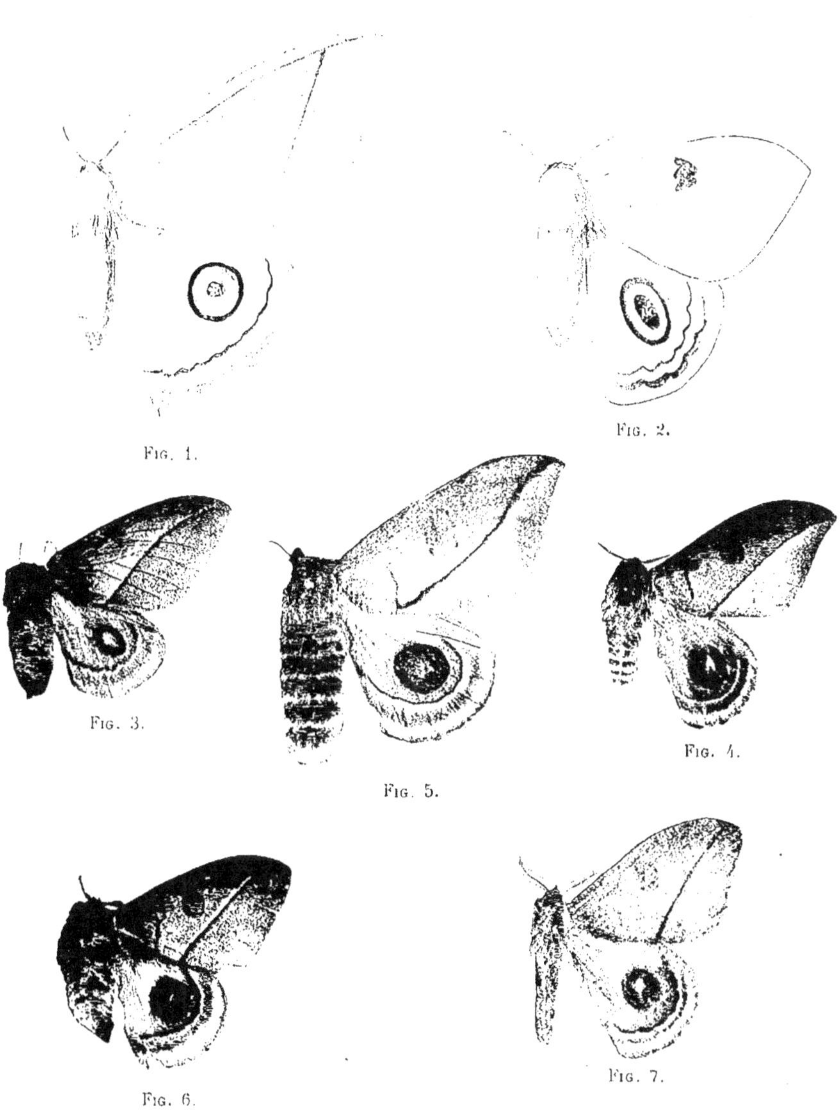

Fig. 1.

Fig. 2.

Fig. 3.

Fig. 5.

Fig. 4.

Fig. 6.

Fig. 7.

Fig. 1. *Automeris Serpina*, Bull.
Fig. 2.   —   *Oblonga* Walk.
Fig. 3.   —   *Ovalina*, *n. sp.*
Fig. 4.   —   *Pallens*. *n. sp.*

Fig. 5. *Automeris pallens*, femelle.
Fig. 6.   —   *nebulosus n. sp.*
Fig. 7.   —   *vinosus*, *n. sp.*

du côté interne, par une large bande arrondie brunâtre ; frange café au lait, brune sur les nervures.

Face inférieure : café au lait très clair ; aile antérieure un peu plus foncée, marque grande, arrondie, brun noir pupillé de blanc, presque tangente à une rayure sombre, obsolète vers le bord postérieur ; aile postérieure très claire, presque blanche à la base et contre le bord postérieur ; œil représenté par un petit point blanc.

La femelle diffère du mâle par la taille, la forme plus allongée de la marque, les rayures extra-basilaire et post-médiane de l'aile supérieure qui convergent contre le bord postérieur, l'œil plus arrondi ; la face inférieure est un peu moins blanche.

Coll. Ch. Oberthür.

Rapports et différences. Cette espèce se rapproche par sa forme générale et son dessin de l'*Automeris Brasiliensis* ; elle s'en éloigne surtout par sa coloration, le contour arrondi et non anguleux de la marque, la falcation moins prononcée, la taille plus grande des femelles.

Automeris Oblonga, Walk., *Cat. Lep. Brit. Museum*, p.   ,
      1855.

Habitat : Amérique du Sud.

Envergure : mâle, 8 cm., pl. XXII, fig. 2.

Mâle. Tête et thorax jaunâtres, antennes jaunes, abdomen brun jaune.

Aile antérieure : bord costal très convexe dans son tiers terminal. Coloration foncière marron foncé ; rayure extra-basilaire oblique formée de deux arcs placés bout à bout, jaune ; espace médian marron avec la marque à bords sinués, gris noir ; rayure post-médiane légèrement concave, aboutissant à quelque distance de l'apex, jaune ; espace terminal jaune séparé par une limite bosselée de l'espace anté-terminal qui est marron.

Aile postérieure : coloration foncière jaune, couverte de poils brun rouge sur toute la base, les bords antérieur et postérieur, jusque contre l'œil ; œil oblong, jaune, une grande pupille oblongue, brun noir, avec des écailles blanches au centre ; cercle brun noir ; au delà, une rayure arrondie, fine, festonnée, brun noir, puis une bande de même couleur, parallèle à cette rayure ; le reste de l'aile jaune.

British Museum,

Automeris vinosus, *n. sp.*

Habitat : Merida, Venezuela.

Envergure : mâle, 7 cm., pl. XXII, fig. 7.

Mâle. Tête et thorax grisâtres, antennes fauves, abdomen rouge, vineux en dessus, terminé par une touffe de poils gris clair.

Aile antérieure : bord externe droit. Coloration foncière grisâtre uniforme ; rayure extra-basilaire anguleuse, noirâtre, bordé extérieurement de jaune, très obsolète ; espace médian plus foncé dans la région apicale ; marque grande, à bord interne droit et bord externe anguleux, noirâtre, un point foncé aux angles et au centre ; rayure post-médiane droite, aboutissant à quelque distance de l'apex, noire, bordée intérieurement de jaune ; frange alternée, noirâtre et gris clair.

Aile postérieure : disque jaune couvert depuis l'œil jusqu'à l'insertion et les bords antérieur et postérieur par des poils gris rosâtre ; œil moyen, brunâtre, cerclé de noir et pupillé de blanc ; au delà, une rayure arrondie, noire, à peine festonnée, limite le disque ; le reste de l'aile grisâtre avec une bande arrondie brunâtre ; frange alternée.

Face inférieure : café au lait ; aile antérieure avec une grande marque fumeuse pupillée de blanc et une rayure fumeuse, rectiligne, allant en s'élargissant d'avant en arrière ; aile inférieure avec un point blanc représentant l'œil et tangent à une rayure brunâtre très obsolète.

Rapports et différences. Cette espèce se rapproche de *A. Incarnata Walk* dont elle diffère par l'absence de rouge sur l'aile postérieure et de *A. Boucardi*, dont elle diffère par son abdomen vineux.

Coll. Ch. Oberthür, Laboratoire.

Automeris Zozine, DRUCE, *Biol. Cent. Americ.*, t. I, p. 179, tab. XVII, fig. 8 ♀.

Patrie : Mexico, Jalapa, Guatemala.

Envergure : femelle 10 cm., pl. XXIII, fig. 1.

Femelle. Tête et thorax brun sombre, abdomen brun pâle avec des bandes noires sur chaque segment et quelques poils rougeâtres à sa base.

Aile antérieure : légèrement falquée. Coloration foncière brun rougeâtre plus sombre à la base ; insertion marquée de blanc en avant et contre le bord externe ; espace basilaire brun foncé, rayure extrabasilaire dentée, brun noir ; espace médian plus clair en arrière qu'en avant ; marque grande, ovale, bordée intérieurement de noirâtre et extérieurement de trois arcs noirs, pupillée d'un trait noirâtre pâle ; au delà, une ombre noirâtre descend de la côte sur la rayure postmédiane, cette dernière rayure est droite, se termine à l'apex, brune ; le reste de l'aile rosâtre pâle couvert de brun depuis l'apex le long du bord externe, et au milieu de la moitié postérieure.

Aile postérieure : disque jaune brillant couvert de poils brun rouge à la base et contre les bords antérieur et postérieur ; œil brunâtre, cerclé de noir et pupillé de noir, arrosé d'écailles blanches avec un trait blanc ; au delà, une rayure arrondie noire légèrement sinuée bordant le disque ; le reste de l'aile rosâtre avec une première bande arrondie, sinuée, brune, proche de la rayure et une seconde bande de même couleur le long du bord.

Face inférieure : brun rougeâtre, marque grande avec une pupille blanche, deux rayures brunes indistinctes sur les deux ailes.

La chenille, d'après Schaus, a 1 3/4 inch de long. Elle est vert très pâle avec, sur le dos, quatre bandes jaunâtres peu distinctes, les deux externes bordées de marron ; latéralement, sur les segments 6, 7, 8, 9, 10, 11, six grosses taches blanches, un peu oblongues, bordées en haut et en bas de marron. Pattes abdominales et anales rougeâtres ; quatre rangées dorsales d'épines branchues, vertes.

Cocon irrégulier, mince et gros, dans des feuilles sèches.

Rapports et différences. Cette espèce me paraît se rapprocher bien étroitement de l'*Automeris Brasiliensis* ; je relève comme différences la falcation des ailes antérieures, la coloration jaune non ocreuse des ailes postérieures, la coloration de la face inférieure.

Automeris Zugana, DRUCE, *Biol. Cent. Amer. Lep.*, t. I, p. 179, tab. XVII, fig. 7 mâle.

Habitat : Panama, volcan de Chiriqui.
Envergure : mâle, 7 cm., pl. XXIII, fig. 2.

Mâle. Tête et thorax brun jaunâtre, abdomen noir en dessus avec des bandes transversales fauves.

Aile antérieure : très légèrement falquée, apex mousse. Coloration foncière fauve pâle ; espace basilaire fauve brun ; rayure extra-basilaire, sinuée, sombre, peu saillante ; marque sombre, polygonale, une fascie sombre tombe de la côte sur la rayure post-médiane ; celle-ci légèrement courbe, étroite, se terminant à distance de l'apex, rouge brun.

Aile postérieure : disque jaune pâle couvert sur sa base et le long du bord postérieur de poils fauve roussâtre ; œil oblong, gris noir, cerclé de noir et pupillé de blanc ; au delà, une rayure arrondie, noire ; le reste de l'aile fauve avec une bande arrondie, brunâtre.

Face inférieure : coloration uniforme brun pâle ; aile antérieure avec la marque petite, brune, pupillée de blanc.

Automeris Zurobara, Druce, *Biol. Centr. Americ. Lep.*, p. 177. tab. XVII, fig. 2 ♀.

Habitat : Amérique du Sud.

Envergure : 9 cm., pl. XXIII, fig. 3.

Femelle. Tête et thorax brun sombre, antennes brunes, abdomen brun jaunâtre.

Aile antérieure : légèrement falquée, brunâtre ; espace basilaire brun marron couvert à la base de poils noirâtres ; du centre part une tache triangulaire brun clair qui se continue sur l'espace médian ; rayure extra-basilaire blanchâtre, bordée de brun, marque brunâtre, irrégulière, pupillée de blanc avec, au delà, une fascie brunâtre ; rayure post-médiane concave, se terminant à l'apex, blanchâtre, bordée de brunâtre ; **espace antéterminal grisâtre**, espace terminal gris jaunâtre.

Aile postérieure : brun sombre, jaune rosâtre à la base et le long du bord postérieur ; œil grand, marron, cerclé de noir, une grosse pupille noire coupée d'un trait blanc ; au delà, une rayure arrondie festonnée, noire, bordée de jaune des deux côtés, puis une bande arrondie brunâtre et le reste de l'aile brun rosâtre.

Face inférieure : aile antérieure brun rougeâtre avec une grosse marque noire pupillée de blanc et, au delà, une rayure brune ; aile postérieure brun rougeâtre avec une petite tache blanche correspondant au centre de l'œil et une rayure brune au delà.

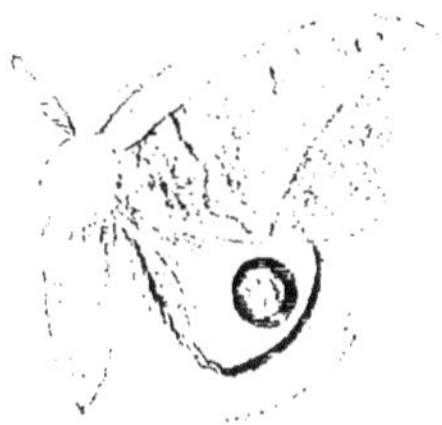

Fig. 1.

Fig. 2.

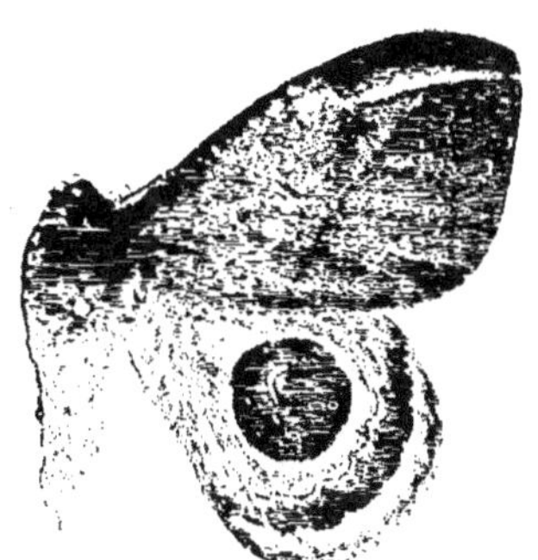

Fig. 3.

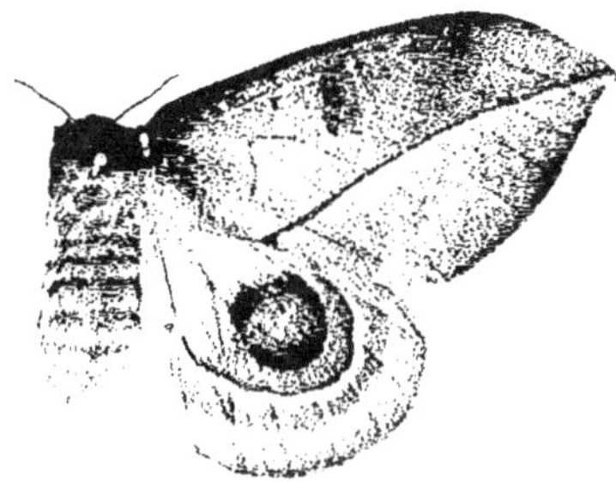

Fig. 4.

Fig. 5.

Fig. 6.

Fig. 1. *Automeris complicata*, Walk.　　　　Fig. 4. *Automeris Brasiliensis*, Boisd.
Fig. 2. 　　　　　　　*Jivaros* Dognin.　　　　Fig. 5. 　—　　*altus*, n. sp.
Fig. 3. 　　—　　*melanops*, Walk　　　　Fig. 6. 　—　　*Boucardi*, Druce.

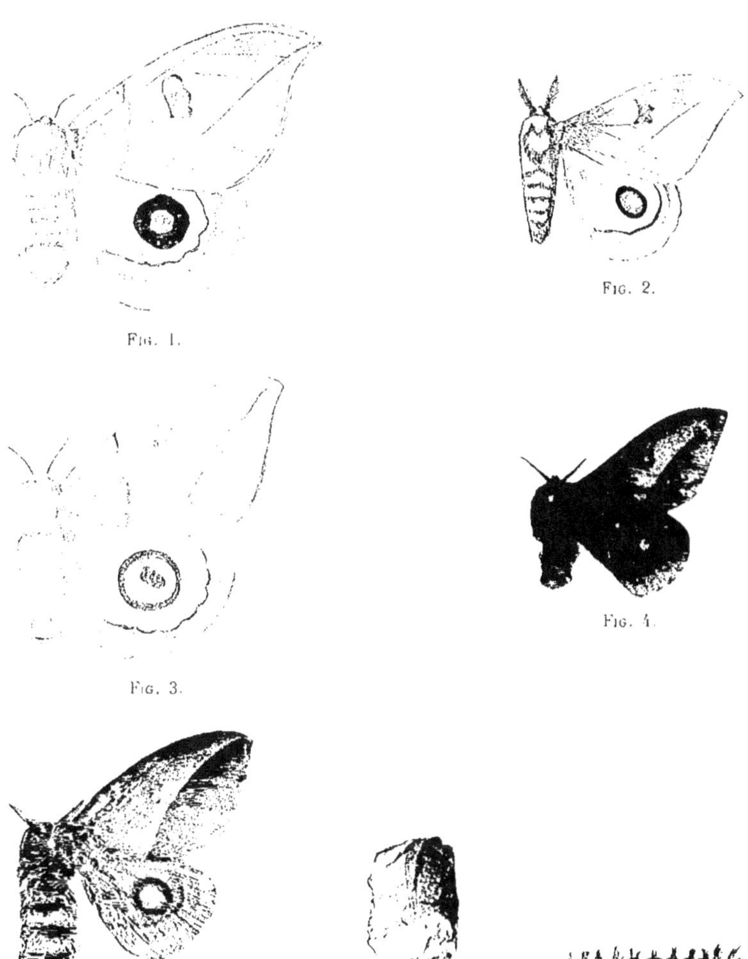

Fig. 1.

Fig. 2.

Fig. 3.

Fig. 4.

Fig. 5.

Fig. 6.

Fig. 7.

Fig. 1. *Automeris Zozine*, Druce.
Fig. 2. — *Zugana*, Druce.
Fig. 3. — *Zurobara*, Druce.

Fig. 4. *Automeris Ater*, *n. sp.*, mâle
Fig. 5. — *Ater*, *n. sp.* femelle.
Fig. 6. — *Ater*, cocon.
Fig. 7. — *Ater*, chenille.

Automeris elegans, *n, sp.*

Habitat : Amérique du Sud.

Envergure : 7 cm. 1/2. Voir *A. nebulosus*, pl. XXII, fig. 6.

Tête et thorax marrons, abdomen fauve.

Aile antérieure : bord externe très droit. Coloration foncière brun rose ; espace basilaire un peu marron, rayure extra-basilaire brisée à son tiers antérieur, espace médian rosâtre, brun dans l'aire apicale ; marque grisâtre, à bords anguleux ; rayure post-médiane rectiligne, oblique, marron foncé, bordée intérieurement de blanc rosé ; espace antéterminal marron, espace terminal brun clair.

Aile postérieure : disque jaune couvert de poils brique depuis l'insertion jusqu'à l'œil, sur le bord antérieur et sur tout l'espace compris entre l'œil et le bord interne ; œil marron sombre, cerclé de noir, pupillé de quelques écailles blanches ; au delà, une rayure arrondie, large, noire, limite le disque ; le reste de l'aile brun rouge dans sa moitié interne et brun clair dans sa moitié externe ; frange marron.

Face inférieure : roussâtre clair ; aile antérieure : marque anguleuse, noire, pupillée de blanc avec, au delà, une épaisse rayure brune, légèrement falquée au tiers antérieur ; espace terminal gris jaunâtre ; frange brune ; aile postérieure avec un point blanc correspondant à l'œil et posé sur une rayure brune, obsolète ; au delà, une autre rayure brune, plus obsolète encore.

Rapports et différences. Espèce voisine d'*A. Nebulosus* mihi, dont elle diffère par sa marque de la couleur foncière et son œil plus petit.

Coll. Laboratoire.

Elle n'est probablement qu'une variété.

Automeris ater, *n. sp.*

Habitat : Nord de l'Argentine.

Envergure : mâle, 6 cm. 1/2 ; femelle, 8 cm., pl. XXIII, fig. 4, 5, 6 et 7.

Mâle. Tête et thorax brunâtres couverts de poils jaunâtres ; antennes fauves, abdomen brun roussâtre couvert de noir sur la plus grande partie de l'abdomen.

Aile antérieure : bord externe très oblique, apex en pointe mousse. Coloration foncière marron noirâtre marqué de blanc à l'insertion ; espace basilaire presque noir ; rayure extra-basilaire dentée, noire ;

<table>
<tr><td>C.</td><td style="text-align:right">12</td></tr>
</table>

espace médian plus sombre vers la côte ; marque presque ronde, un peu plus sombre que le fond, bordée de quelques points sombres, pupillée de blanc ; rayure post-médiane concave, sombre, se terminant à l'apex ; espace antéterminal à peine plus foncé que l'espace terminal.

Aile postérieure : disque jaune rougeâtre, presque entièrement couvert sur la base et le long des bords de poils brun noir ; œil gris noir, cerclé de noir, pupillé d'écailles blanches ; au delà, une rayure arrondie, à peine festonnée, noire ; le reste de l'aile marron noirâtre, plus foncé dans la moitié interne que dans la moitié externe.

Face inférieure : grisâtre ; aile antérieure plus foncée, marque ovale, fumeuse, pupillée de blanc ; au delà, une rayure sombre ; aile postérieure avec un point blanc correspondant au centre de l'œil, auréolé de grisâtre et presque tangent à une rayure sombre ; bord interne couvert de poils noirâtres.

Femelle. Diffère du mâle par sa taille, son abdomen fauve cerclé de noirâtre, l'espace basilaire de l'aile antérieure mal indiqué, moins de jaune rouge sur l'aile postérieure, la face inférieure plus sombre.

Chenille. Jaune verdâtre avec des touffes de poils urticants jaunâtres ; tête brunâtre ; les segments abdominaux portent, à partir du second, et, latéralement, de grosses taches triangulaires obliques, blanchâtres, bordées de noir.

Cocon. Petit, brunâtre, enveloppé dans des feuilles.

Automeris Arminia, Druce, t. I, p. 181.

Phalæna-Bombyx Attacus arminia, Cram., *Pap. exot.*, IV, p. 126, t. 356, fig. D.
Bombyx arminia, Oliv., *Enc. Meth. Ins.*, V, p. 35, 41.
Automeris arminia, Hubn., *Verz. bek. Schmett.*, p. 155.
     —   arminia, Hubn., *loc. cit.*, p. 155.
Hyperchiria arminia, Walk., *Cat.*, VI. p. 1307.
Io arminia, Boisd., *Ann. Soc. Ent. Belge*, XVIII, p. 219.
A. Surinamensis, Kirby.

Habitat : Honduras, Guyane.
Envergure : mâle, 8 cm. ; femelle, 10 cm., pl. XXIV, fig. 1.
Mâle. Tête et thorax bruns, abdomen rouge vineux.
Aile antérieure : bien falquée et pointue au sommet. Coloration foncière brunâtre ; région basilaire foncée, marquée d'un peu de

blanc à l'insertion, rayure extra-basilaire très oblique, brun sombre ;
espace médian avec la marque brunâtre, bordée de sombre et pupillée de blanc ; rayure post-médiane presque droite, aboutissant loin
de l'apex, brune ; les espaces antéterminal et terminal peu différents,
la moitié inférieure du dernier, blanchâtre.

Aile postérieure : disque jaunâtre avec de longs poils vineux sur la
base et le bord postérieur ; œil gris noirâtre cerclé de noir, pupillé
d'atomes blancs avec un trait blanc en croissant au centre ; au delà,
une rayure arrondie, épaisse, noire, bordée extérieurement de clair ;
le reste de l'aile de la couleur du fond avec une bande arrondie, brune,
parallèle à la rayure ; bord terminal brunâtre.

Face inférieure : gris brunâtre ; aile antérieure avec la marque
noire pupillée de blanc, aile postérieure avec un point blanc au centre
de l'œil.

Femelle. Aile supérieure plus pâle, brun purpurescent.

Automeris eogena.

Hyperchiria cogena, Felder, *Reise de Novara*, Bnd II, Abth. 2, pl. 83, fig. 3.
Io eogena, Boisd , *op. cit.*, p. 225.

Habitat : Mexico.

Envergure : femelle, 6 cm., pl. XXIV, fig. 2.

Femelle. Tête, thorax et abdomen d'un rouge violacé ; antennes
ocracées ; le bord postérieur des anneaux abdominaux bordé de jaunâtre du côté dorsal.

Aile antérieure : bord antérieur droit, apex pointu. Coloration foncière rouge violacé, plus foncé à la base et le long du bord postérieur ;
insertion blanche ; espace basilaire plus foncé que le fond, rayure
extra-basilaire sinuée, blanche ; marque petite, rectangulaire, plus
foncée que le fond ; rayure post-médiane festonnée, blanche, n'aboutissant pas à l'apex ; espace terminal plus clair que l'espace antéterminal, frange plus foncée.

Aile postérieure : disque jaune foncé couvert sur sa moitié basale
et le long de son bord postérieur de poils rouge violacé ; œil gris bleu
avec un trait blanc et des écailles blanches, cerclé de noir ; au delà,
une rayure arrondie, noire ; au delà du disque, un premier espace
rouge violacé, puis un second espace plus clair ; frange rouge violacé.

Automeris incarnata, WALK.

> **Hyperchiria incarnata**, Walk.. *Cat. Lep. Brit. Museum*, vol. XXXII,
> p. 532.
>
> **Hyperchiria approximata**, Walk., *Cat. Lep. Brit. Museum*, vol. XXXII,
> p. 532.

Habitat : Bogota.

Envergure : mâle, 7 cm., pl. XXIV, fig. 3.

Mâle. Tête et thorax brunâtre clair, antennes ocracées, abdomen brun clair, couvert dorsalement de poils rouges, sauf sur les derniers segments.

Aile antérieure : bord costal convexe. Coloration foncière brun jaunâtre ; rayure extra-basilaire brisée, brune, bordée extérieurement de jaune ; marque polygonale, brune ; rayure post-médiane, rectiligne, brune, bordée intérieurement de jaune, n'aboutissant pas à l'apex ; espace antéterminal d'un brun un peu plus foncé que l'espace terminal.

Aile postérieure : disque jaune d'ocre couvert sur toute sa moitié basale de poils rouge carmin ; œil brun foncé, cerclé de noir et pupillé d'écailles blanches ; au delà, une rayure curviligne noire limite le disque ; le reste de l'aile brun avec une bande arrondie brun rouge très voisine du bord du disque.

British Museum.

Automeris Iris, WALK., *Cat. Lep. Br. Museum*.

> **A. iris**, DRUCE, *Biolog. Centr. Americ.*, t. II, p. 418, pl. 81, fig. 6.

Habitat : Mexico.

Envergure : mâle, 7 cm., pl. XXIV, fig. 4.

Mâle. Tête et thorax brun marron, antennes testacées, abdomen ocracé.

Aile antérieure : bords antérieur et extérieur très droits. Coloration foncière gris brun ; espace basilaire brunâtre, très échancré du côté extérieur ; rayure extra-basilaire non apparente, espace médian gris brun, marque indiquée par trois points noirs posés sur les nervures ; rayure post-médiane rectiligne, se courbant légèrement à son extré-

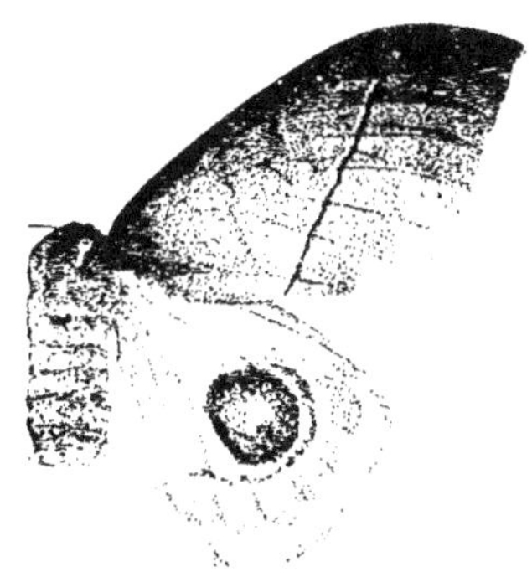

Fig. 1.

Fig. 2.

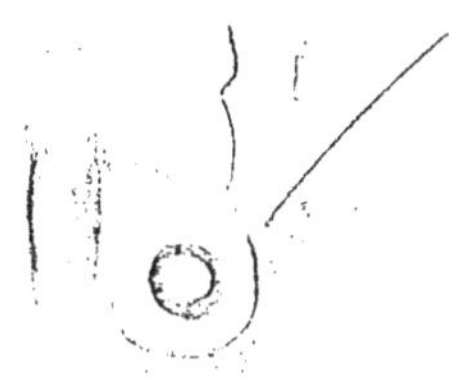

Fig. 3.

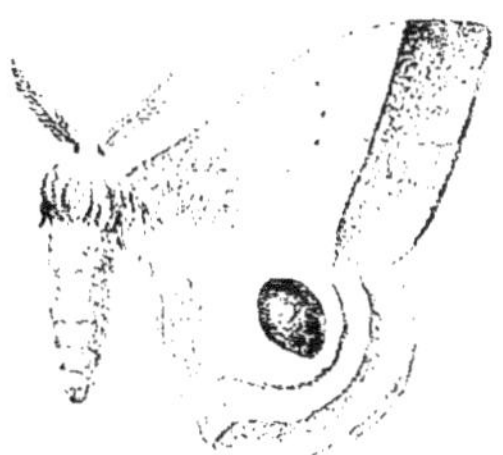

Fig. 4.

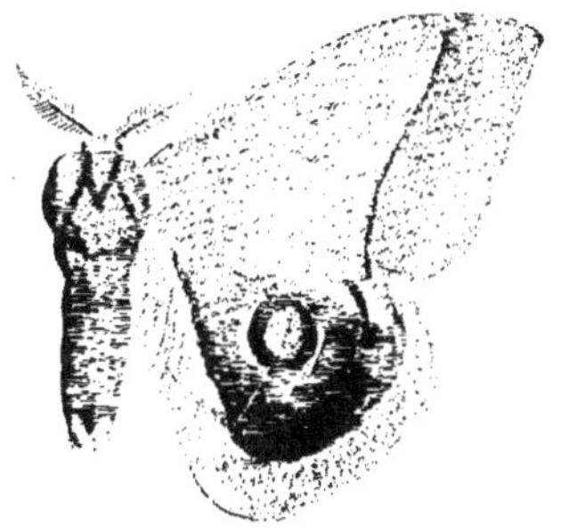

Fig. 5.

Fig. 6.

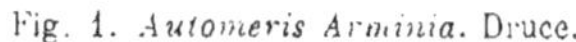

Fig. 1. *Automeris Arminia*. Druce.　　　　Fig. 4. *Automeris Iris*, Walk.
Fig. 2.　　—　　*eogena*, Felder.　　　　Fig. 5.　　—　　*Daudiana*, Druce
Fig. 3.　　—　　*incarnata*, Walk.　　　　Fig. 6.　　—　　*Cecrops*, Boisd.

mité postérieure, large, brun sombre, espace antéterminal grisâtre, espace terminal brun clair, frange brune.

Aile postérieure : disque jaune couvert de poils rouges le long du bord interne ; œil petit, marron, cerclé de noir, et pupillé de blanc ; au delà, une rayure arrondie, légèrement sinuée, noire, puis une bande arrondie, brune, limitant le disque ; le reste de l'aile brun marron.

Automeris Daudiana, Druce, *Ann. and. Mag. Nat. Hist.*, XIII, p. 179, 1894. *Biol. Centr. Amer. Lep.*, t. II, p. 418, tab. LXXXI, fig. 8.

Habitat : Guatemala.

Envergure : mâle, 9 cm., pl. XXIV, fig. 5.

Mâle. Tête et thorax brun rougeâtre, abdomen rouge.

Aile antérieure : à peine falquée, apex peu pointu. Coloration foncière brun grisâtre pâle ; espace basilaire brun sombre, rayure extra-basilaire peu distincte, très sinuée, espace médian clair, marque de la couleur du fond, bordée de points noirs et pupillée d'un point noir ; rayure post-médiane courbée, aboutissant loin de l'apex, brunâtre ; espace antéterminal gris jaunâtre, espace terminal grisâtre.

Aile postérieure : disque jaune, couvert de poils vineux sur la base et le bord interne ; œil gris bleuâtre, arrosé de quelques écailles blanches et largement cerclé de noir ; au delà, une rayure arrondie, noire, puis une bande parallèle limitant le disque ; le reste de l'aile gris jaunâtre ; la frange brun rose.

Face inférieure : coloration brun rose pâle, le bord costal des ailes antérieures et les nervures jaunes, la marque noire.

Automeris Belti, Druce, *Biol. Centr. Amer. Lepid.*, t. I, p. 180, tab. XVIII, fig. 3, mâle, fig. 2, femelle.

Habitat : Nicaragua, Panama.

Envergure : mâle, 10 cm. ; femelle, 14 cm., pl. XXV, fig. 1 et 2.

Mâle. Tête et thorax brun sombre, abdomen brun rose.

Aile antérieure : bord externe droit. Coloration foncière brun jaunâtre ; espace basilaire brun sombre ; rayure extra-basilaire sombre, peu apparente ; marque polygonale, pupillée de blanc ; rayure post-médiane brunâtre, bordée intérieurement de clair ; le reste de l'aile jaune noirâtre.

Aile postérieure : disque jaune pâle couvert de poils roses sur la base et le long du bord postérieur ; œil assez grand, brun sombre, cerclé de noir, pupille oblongue, noire, arrosée d'écailles blanches très denses au centre, donnant une coloration blanc bleuâtre ; au delà, et très près de l'œil, une rayure arrondie, noire, puis une bande arrondie sombre ; le reste de l'aile brunâtre clair.

Face inférieure : aile antérieure brun clair avec la marque noire pupillée de blanc, suivie d'une rayure noire peu distincte ; aile postérieure avec un point blanc correspondant au centre de l'œil et suivi de deux rayures noirâtres peu distinctes.

Femelle. Diffère du mâle par sa taille, la coloration beaucoup plus sombre des ailes antérieures, l'œil plus grand et la coloration jaune de l'aile postérieure plus étendue .

Automeris Pamina, NEUMAN.

Habitat : Arizona.

Envergure : femelle, 8 cm., mâle, 7 cm., pl. XXVI, fig. 1 et 2.

Femelle. Tête et thorax brique clair, antennes testacées, abdomen brique clair avec le bord postérieur de chaque anneau marqué, du côté dorsal, par une bande rouge.

Aile antérieure : apex très arrondi, bord externe convexe. Coloration foncière jaune brique clair ; rayure extra-basilaire anguleuse, brique, légèrement bordée de jaunâtre, à peine visible ; marque peu apparente, pentagonale, avec un point noir à chaque sommet ; rayure post-médiane courbe, brunâtre, bordée intérieurement de jaunâtre, le reste de l'aile uniformément de la couleur foncière.

Aile postérieure : disque jaune, couvert de poils roses sur sa base, le long des bord antérieur et postérieur, et tout le long de son bord extérieur ; œil noir avec un gros trait blanc au centre et des écailles blanches ; au delà, une rayure arrondie, noire ; puis une étroite bande jaune, une large bordure rose et le reste de l'aile brique jaunâtre clair.

Face inférieure : aile antérieure plus claire que sur la face supé-périeure, marque brun fumeux, rayure post-médiane large, brique clair.

Aile postérieure : brique jaunâtre ; œil représenté par un petit trait blanc à quelque distance duquel se voit une rayure légèrement brique.

Mâle. Coloration foncière plus grisâtre, poils roses des ailes postérieures plus rouges, face inférieure des deux ailes brun clair.

Automeris Randa, Druce, *Biol. Centr. Americ.*, tab. 21, fig. 4 et 5. Druce, *Ann. et Mag. Nat. Hist.*, XIII, p. 179, 1894.

Habitat : Mexico, Panama.

Envergure : mâle, 10 cm. ; femelle, 11 cm. 1/2, pl. XXV, fig. 4.

Mâle. Tête et thorax brun sombre, antennes brun jaunâtre, abdomen jaune.

Aile antérieure : légèrement falquée. Coloration foncière rosâtre ; rayure extra-basilaire dentée, jaune ; espace médian avec une marque allongée, grisâtre, à bord externe anguleux, un point noir à chaque angle ; au delà, une bande grise, obsolète, tombe du bord costal sur la rayure post-médiane ; cette dernière est légèrement convexe, ne va pas à l'apex, jaune ; espace antéterminal ombré de gris, espace terminal très clair.

Aile postérieure : jaune avec de nombreux poils roses ; œil grand, légèrement oblong, gris jaune, avec une pupille noire traversée d'un gros trait blanc, cercle noir ; au delà, une rayure arrondie, fine, légèrement festonnée, noire, bordée de jaune ; le reste de l'aile un peu brunâtre avec une bande arrondie, brune, très proche de la rayure.

Face inférieure : coloration jaune rosâtre ; les ailes antérieures avec une marque noire, arrondie, pupillée de blanc ; les ailes postérieures avec un point blanc correspondant à l'œil.

Femelle. Diffère du mâle par sa plus grande taille, sa coloration foncière plus sombre et le dessin plus accentué.

Automeris averna, Druce, *Biol. Centr. Amer.*, p. 178, tab. XVII, fig. 4 ♀.

Patrie : Mexico.

Envergure : femelle, 10 cm., pl. XXV, fig. 3.

Femelle. Tête et thorax brun sombre, les bords de ce dernier avec une touffe de poils blancs, antennes brunes, abdomen brun rougeâtre.

Aile antérieure : bien falquée ; coloration foncière brun rouge, marquée de blanc à l'insertion ; espace basilaire avec une bande brune, peu distincte le long de la base ; rayure extra-basilaire irrégulièrement brisée, sombre ; espace médian brun foncé dans la région apicale, marque grisâtre, allongée, à bords anguleux ; rayure post-médiane étroite, brun noir, bordée intérieurement de clair, aboutissant à quelque distance de l'apex ; espace antéterminal grisâtre, espace subterminal roussâtre.

Aile postérieure : disque jaune de chrome, couvert de poils roses sur la base et les bords antérieur et postérieur ; œil grand, brunâtre, large, pupille noire semée d'écailles blanches et coupée d'un trait blanc, cercle anguleux, noir ; au delà, une rayure arrondie, légèrement festonnée, limite le disque ; le reste de l'aile brun pâle avec une bande gris noir parallèle à la rayure.

Face inférieure brun pâle ; aile antérieure avec une bande centrale brune allant de l'apex au bord postérieur et la marque noire pupillée de blanc ; aile postérieure ombrée de brun sombre vers l'apex.

Automeris Cecrops, Boisd.

Io Cecrops. Boisd., *op. cit.*, p. 224.

Habitat : Mexique.

Envergure : mâle, 7 cm. ; femelle, 9 cm., pl. XXIV, fig. 6.

Mâle. Tête et thorax marrons, antennes marrons, abdomen plus clair couvert partiellement sur la face dorsale par des poils rouges.

Aile antérieure : légèrement falquée, apex arrondi. Coloration foncière marron, insertion marquée d'une touffe de poils blancs ; rayure extra-basilaire curviligne faisant un angle rentrant en son milieu, un peu plus foncée que le fond ; espace médian de la couleur foncière, marque pentagonale à bordure plus foncée avec un point noir sur chaque sommet ; rayure post-médiane concave, brun noir, se terminant à l'apex ; le reste de l'aile marron.

Aile postérieure : disque jaune verdâtre presque entièrement couvert de poils roses sauf en son milieu autour de l'œil ; œil marron cerclé de noir, à pupille noire semée d'écailles blanches ; au delà, une courte rayure arrondie, festonnée, noire, bordée extérieurement de clair ; le reste de l'aile d'abord rose, puis marron.

Face inférieure : gris blanc ; aile antérieure avec la marque noire pupillée de blanc et suivi d'une raie oblique brune ; aile postérieure avec un point blanc et deux rayures brunâtres, obsolète.

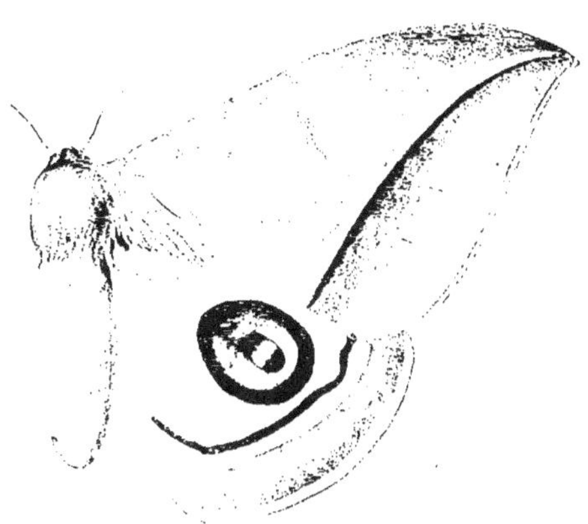

FIG. 1.

FIG. 2.

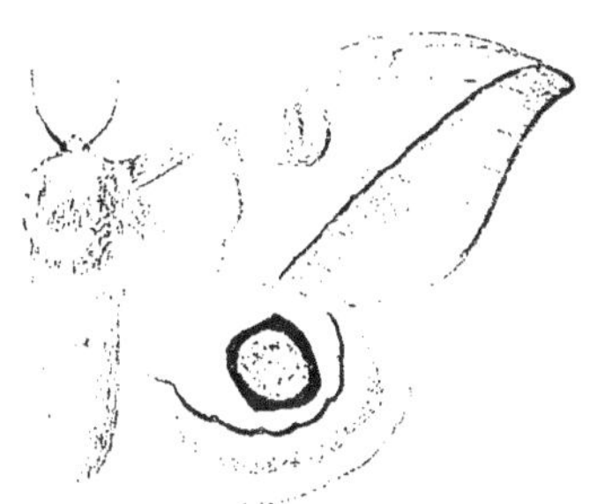

FIG. 3.

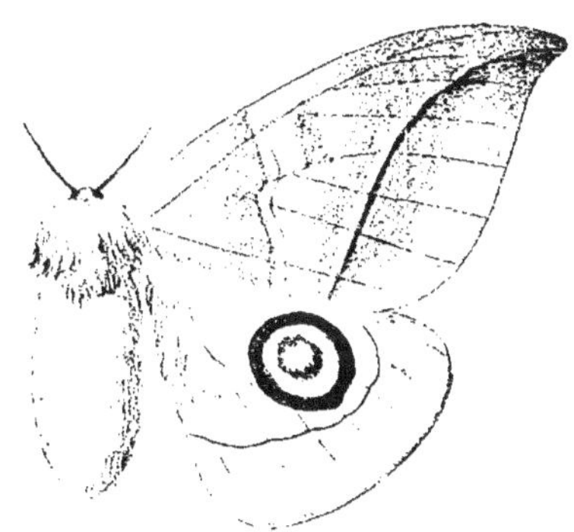

FIG. 4.

FIG. 5.

FIG. 6.

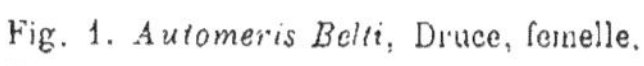

Fig. 1. *Automeris Belti*, Druce, femelle.
Fig. 2.   —   *Belti*, Druce, mâle.
Fig. 3.   —   *Averna*, Druce, femelle.

Fig. 4. *Automeris Randa*, Druce.
Fig. 5.   —   *Zephyria*, Grotte, mâle.
Fig. 6.   —   *Zephyria*, Grotte, fem.

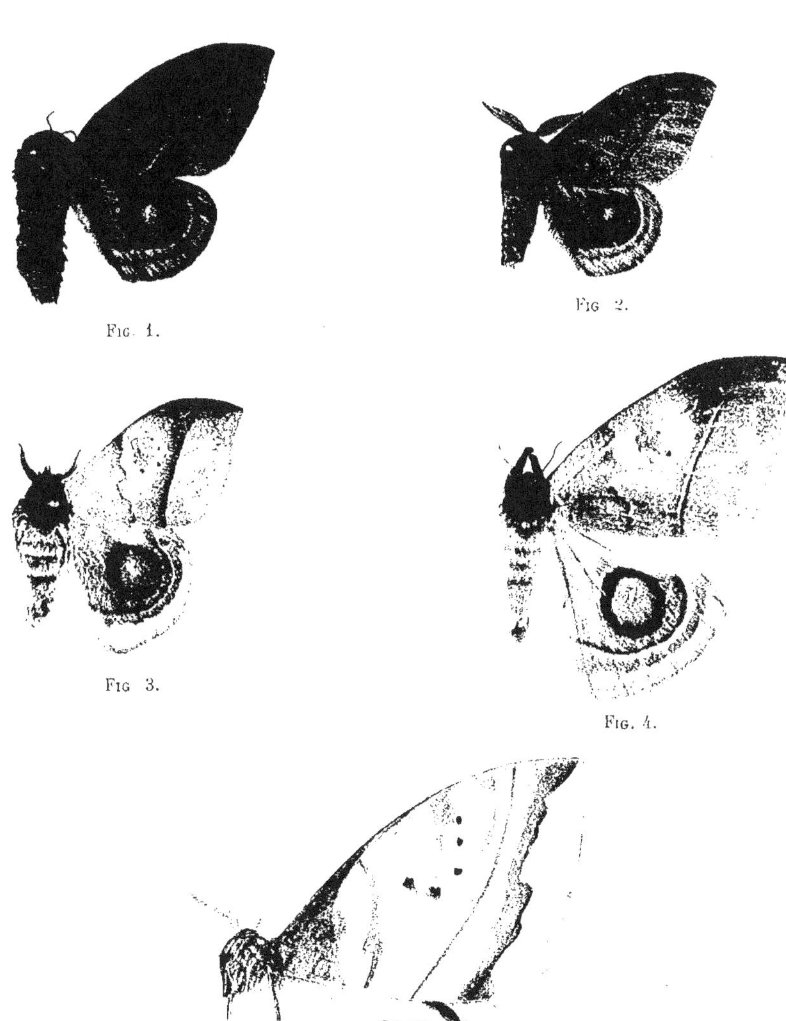

Fig. 1.

Fig. 2.

Fig. 3.

Fig. 4.

Fig. 5.

Fig. 1. *Automeris Pamina*, Neuman, fem. Fig. 3. *Automeris Hebe*, Walk., mâle.
Fig. 2. — *Pamina*, Neuman, mâle. Fig. 4. — *Hebe*, Walk., femelle.
Fig. 5. *Automeris Boops*, Feld.

Femelle. Diffère du mâle par sa teinte légèrement roussâtre, son abdomen gris, annelé de rose sur le dos.

Automeris Zephyria, Grotte, *Ann. Nat. Hist.* (5), XI, p. 52, 1883.

Habitat :
Envergure : mâle, 6 cm. 1/2, femelle, 7 cm., pl. XXV, fig. 5 et 6.

Mâle. Tête et thorax noirâtres, antennes fauves, abdomen brun clair couvert sur toute la face dorsale de poils rouges.

Aile antérieure : apex arrondi. Coloration foncière brun noir, insertion marquée d'une touffe de poils blancs ; espaces basilaire et médian non séparés, marque non apparente, rayure post-médiane concave, se terminant à l'apex, blanche, bordée extérieurement d'ocre ; le reste de l'aile brun noir ; l'espace antéterminal un peu plus clair que l'espace terminal.

Aile postérieure : disque jaune foncé couvert de poils roses depuis la base jusque près de l'œil et le long des deux bords antérieur et postérieur ; œil oblong avec un trait blanc et des écailles blanches au centre ; au delà, une fine rayure festonnée, arrondie, noire, limite le disque ; le reste de l'aile café au lait très clair avec, au milieu, une bande arrondie plus foncée et une frange également plus foncée.

Face inférieure : coloration foncière gris très clair ; la marque apparaît en noir pupillé de blanc ; œil représenté par un petit trait blanc, bord interne des ailes inférieures couvert de longs poils blancs.

Femelle. Ne diffère du mâle que par sa coloration foncière plus claire.

Automeris Hebe, Walk., *Cat. Lep. Brit. Mus.*, XXXII, p. 536.

Io Orestes, Boisd., *op. cit.*, p. 220.
— Möschler, *Verh. z. b. Gas. Wien.*, XXVII, p. 677.
Hyperchiria hebe, Druce.

Habitat : Mexico, Guyane.
Envergure : mâle, 7 cm. ; femelle, 10 cm., pl. XXVI, fig. 3 et 4.

Mâle. Tête et thorax brun noir, antennes jaune ocracé, abdomen brun jaunâtre.

Aile antérieure : bords droits, angle apical arrondi ; espace basilaire marron noirâtre, rayure extra-basilaire en zigzag, claire, bordée de noire dans son tiers antérieur ; espace médian marron ; marque de la couleur du fond, pentagonale, à sommets marqués de points noirs ; rayure post-médiane claire, bordée extérieurement de noir, rectiligne, aboutissant loin de l'apex ; espace antéterminal grisâtre, espace terminal brun très clair, rayure subterminale bosselée.

Aile postérieure : disque jaune ocracé couvert de poils roses sur sa base et le long du bord postérieur ; œil gris noir, cerclé de noir et pupillé de blanc ; au delà, une rayure arrondie noire, puis une bande arrondie gris noir limitant le disque ; le reste de l'aile marron.

Face inférieure : un peu rougeâtre, marque figurée par un œil noir, pupillé de blanc ; œil représenté par un point blanc ; deux bandes brunâtres, obsolètes, un peu au delà sur le tiers extérieur.

Automeris Titania, FELD.

H. **Junonia**, Walk., *op. cit.*, XXXV, p. 1944, 1866.
H. **Titania**, *Reise de Novara Zool. Theil.*, Bnd 2, pl. 85, fig. 8.
Io **Titania**, Boisd., *op. cit.*, p. 221.

Habitat : Bogota.
Envergure : mâle, 7 cm. 3/4, pl, 27, fig. 1.
Mâle. Tête, thorax et abdomen d'un jaune d'ocre.

Aile antérieure : apex pointu. Coloration foncière jaune d'ocre ; espace basilaire plus obscur que le fond ; rayure extra-basilaire arrondie ; marque brune avec de petits points noirs sur les bords ; rayure post-médiane un peu courbe, se terminant près de l'apex, noirâtre bordée de brun rougeâtre.

Aile postérieure : coloration foncière jaune fauve ; œil jaune grisâtre cerclé de noir, pupillé d'une tache noire présentant, en son centre, un amas d'écailles blanches ; au delà, une rayure arrondie noire très faiblement ondulé.

Face inférieure : coloration uniforme jaune pâle ; aile antérieure avec la marque arrondie, noire, pupillée de blanc et suivie d'une raie oblique, ferrugineuse ; aile postérieure avec un petit point blanc auréolé de ferrugineux, correspondant au centre de l'œil et, au delà, deux bandes ferrugineuses dont la plus externe est très effacée.

Fig. 1.

Fig. 2.

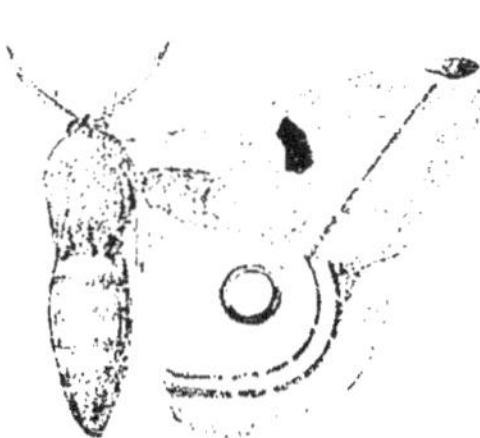

Fig. 3.

Fig. 4.

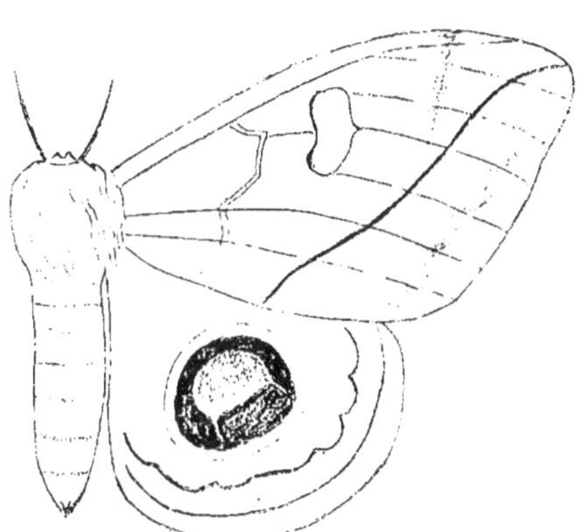

Fig. 5.

Fig. 1. *Automeris Titania*, Feld.   Fig. 3. *Automeris convergens*, Walk., mâle.
Fig. 2.   —   *Phrynon*, Druce.   Fig. 4.   —   *convergens*, Walk, fem.
Fig. 5. *Automeris Ophtalmica*, Moore.

Automeris Boops, Felder, *Reise de Novara Zool. Theil.*, Bnd. 2, pl. 89, fig. 6.

Io Boops, Boisduval, *loc. cit.*, p. 210.

Habitat : Amérique centrale.

Envergure : mâle, 13 cm., pl. XXVI, fig. 5.

Tête et thorax fauves tachés de brun ; antennes brunes ; abdomen d'un fauve vif.

Aile antérieure : non falquée, apex arrondi. Coloration foncière gris violâtre pourpré ; espace basilaire brunâtre, rayure extra-basilaire sinuée, noirâtre ; rayure post-médiane un peu concave, se terminant sur le bord costal loin de l'apex, gris violet blanchâtre, doublé extérieurement de brun ; marque allongée, brunâtre, bordée en dehors de trois points foncés et de deux en dessous, un point semblable au centre ; au delà, une fascie brunâtre tombe de la côte sur la rayure ; espace terminal plus brunâtre que l'espace antéterminal.

Aile postérieure : disque jaune ocracé, couvert sur sa base et le long du bord postérieur de poils fauves ; œil grand, noir, avec le centre jaune d'ocre pupillé d'une tache ronde, noire ; au delà, deux bandes arrondies brun noir, parallèles, un peu festonnées sur leur bord externe.

Face inférieure gris roussâtre ; aile antérieure avec la marque noire pupillée de blanc ; aile postérieure avec un point blanc au centre de l'œil.

Boisduval signale la fréquence de poils fauves à la base des ailes supérieures chez les individus frais.

Automeris Ophtalmica, Moore, *Proceeding Liverpool Soc.*, XXXVI, p. 251 (1884).

Habitat : Brésil.

Envergure : femelle, 13 cm., pl. XXVII, fig. 5.

Femelle. Aile antérieure : apex arrondi. Coloration foncière rougeâtre sombre ; rayure extra-basilaire très sinuée, peu distincte, presque noire ; espace médian avec une marque grande, arrondie, anguleuse du côté externe, bordée de noire, et, au delà, une fascie rouge sombre, obsolète, tombant de la côte sur la rayure post-médiane ;

celle-ci à peine ondulée, se terminant dans l'apex, étroite, noire ; rayure subterminale pâle, très festonnée .

Aile postérieure : coloration plus brillante, la base et les bords jaunâtre pâle ; au centre de l'aile un œil très gros, noir, cerclé de jaunâtre pâle, avec une pupille dentée, jaunâtre, coupée d'un trait blanc irrégulier ; au delà, une ligne ondulée noire.

Chenille trouvée sur une espèce d'Iris près de San-Paulo ; corps noir sombre, couvert de longues touffes d'épines venimeuses de couleur noisette à la base et noir au sommet.

Cocon tissé entre les feuilles de la plante nourricière.

D'après un croquis déposé au British Museum.

Automéris Phrynon, Druce, *Biol. Centr. Americ.*, vol. II, p. 413, pl. LXXXI, fig. 7.

Patrie : Panama.

Envergure : mâle, 9 cm., pl. XXVII, fig. 2.

Mâle. Tête, thorax et abdomen jaune de chrome, antennes noirâtres.

Aile antérieure : bien falquée. Coloration foncière jaune de chrome, traversée obliquement par une large bande jaune allant du bord costal à l'angle postérieur ; tout l'espace au-dessus de cette bande est brunâtre, arrosé en avant de squames blancs ; une rayure concave, jaune, va du bord postérieur jusque près de l'apex.

Aile postérieure : jaune de chrome uniforme, plus clair vers la base.

Je ne connais cette espèce que par la figure de Druce ; je doute que ce soit vraiment un *Automeris*.

Automeris Janus, Cram.

Phalæna Attacus Janus, Cram., *Pap. exot.*, pl. 54, fig. A B [1].
Automeris Janus, Hubn., *Ver. bek. Schmet.*, p. 154.
Saturnia Metzli, Sallé. *Rev. et Mag. Zool.*, 1853, p. 171. t. 5. fig. 1 [2].
Hyperchiria Janus, Walk., *Cat. L. p. B. M.*, p. 1284.
Hyperchiria Metzli, Walk , *Cat. Lep. B. M* , p. 1280.
Io Janus, Boisd., *Ann. Soc. Ent. Belge*, XVIII, p. 208.
Io Metzli, Boisd., *op. cit.*, XVIII, p. 208.

Habitat : Mexico, Guatemala, Panama, Surinam, Cayenne, Honduras.

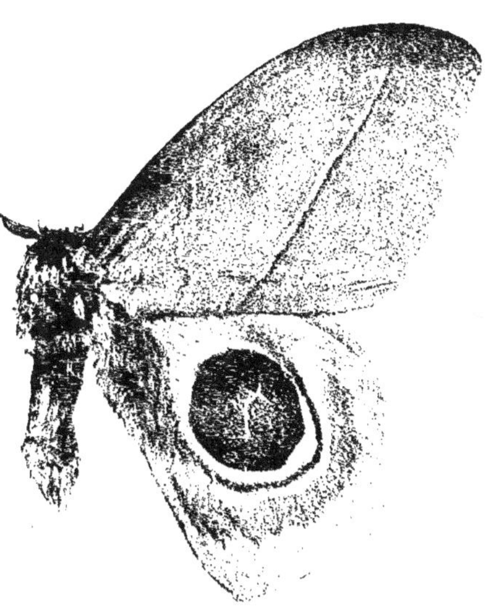

Fig. 1.

Fig. 2.

Fig. 3.

Fig. 4.

Fig. 1. *Automeris Janus*, Cram.

Fig. 2.   —   *Janus*, var. *Metzli*. Sallé.

Fig. 3. *Automeris Janus*, cocon.

Fig. 4.   —   *Janus*, var. *Metzli*, cocon.

Envergure : mâle, 15 cm. ; femelle, 18 à 19 cm., pl. XXVIII, fig. 1, 2, 3 et 4.

Femelle. Tête et thorax brunâtres, antennes fauves, abdomen rouge.

Aile antérieure : non falquée, apex peu pointu. Coloration foncière marron brunâtre ; espace basilaire foncé ; rayure extra-basilaire sinuée, foncée ; espace médian avec les trois quarts antérieurs glacés de violâtre ; marque de la couleur du fond, non glacée, à contour denté avec un point noir à chaque sommet, pupillée de blanc ; rayure post-médiane rectiligne, très oblique, jaunâtre, bordée extérieurement de brunâtre ; espace antéterminal gris noirâtre, espace terminal gris violâtre ; frange plus claire.

Aile postérieure : coloration glauque jaunâtre couverte, à la base, de poils rouge vineux ; œil très grand, gris noirâtre, largement cerclé de noir, couvert d'écailles blanches avec un trait fulgurant blanc ; un peu au delà, une rayure, arrondie, noire, encercle l'œil ; le reste de l'aile de la couleur du fond avec une très large bande arrondie rouge brique, frange claire.

Face inférieure : gris rosâtre, couvert de rose vineux sur les deux tiers antérieurs de l'aile antérieure, sauf la côte ; aile antérieure avec la marque grande, ronde, noire, pupillée de blanc irrégulier ; aile postérieure gris rosâtre avec un macule irrégulier, blanchâtre, correspondant au centre de l'œil, au delà, une rayure arrondie, brunâtre, puis une bande arrondie, de même couleur, très obsolète.

Mâle. Diffère de la femelle par sa taille et sa coloration plus jaunâtre.

Var. *Meztli*. Sallé a décrit sous le nom d'*Automeris Meztli* une forme qui se rapproche beaucoup d'*Automeris Janus* ; Boisduval (*op. cit.*, pag. 209) dit qu'elle n'est peut-être qu'une variété locale de cette espèce ; Druce homologue *Automeris Meztli* à *Automeris Janus*. J'ai pu, à Rennes, examiner dans la belle collection de M. Ch. Oberthür, un grand nombre d'individus de *A. Janus* et *A. Meztli* ; cet examen m'a conduit à considérer *A. Meztli* comme une variété plus petite et plus claire de *A. Janus*.

L'envergure du mâle est de 13 centimètres, la coloration est d'un brun jaunâtre clair ; la ligne fulgurante de l'œil est moins indiquée que dans *Janus*.

Var *Collateralis Hamps*. N'est qu'une variété extrême de *Janus*, dans laquelle la rayure arrondie noire de l'aile postérieure devient tangente à l'œil.

Cocon brunâtre, à structure très lâche.

Automeris convergens, WALK.

Hyperchirla convergens, Walk., *Cat. Lep. Brit. Museum*, p. 1294.
Io cruenta, Boisd., *op. cit.*, p. 246.

Habitat : Rio-Janeiro.

Envergure : mâle, 7 cm., pl. XXVII, fig. 3 et 4.

Mâle. Tête et thorax bruns, antennes testacées, abdomen brun avec une bande jaunâtre le long du bord postérieur de chaque segment.

Aile antérieure : bord antérieur très droit, apex anguleux. Coloration foncière brun rouge clair, les nervures se détachant en jaune ; espace basilaire brun foncé plus clair vers la côte, rayure extra-basilaire ondulée, claire, espace médian brun clair, un peu plus foncé vers la côte, marque polygonale brun noir, vers l'angle apical, une tache pyriforme brune est accolée à la côte ; rayure post-médiane, rectiligne, claire, bordée de jaunâtre, espace antéterminal brun clair plus foncé du côté interne ; rayure subterminale anguleuse, claire, espace terminal marron.

Aile postérieure : disque brun très clair, presque blanc, couvert de poils roses sur toute sa base, nervures jaunâtres ; œil arrondi, brun rouge clair, cerclé de noir, puis de rose ; au delà, une première rayure arrondie, marron foncé, une deuxième rayure de même forme et de même couleur, s'étalant à ses extrémités contre les bords antérieur et postérieur, puis une petite bande presque blanche et tout le reste de l'aile marron clair.

Face inférieure : aile antérieure couverte de poils blanchâtres, marque brune pupillée de blanc ; au delà, une rayure oblique brune se terminant vers le bord costal contre une tache apicale de même couleur ; aile postérieure brunâtre, arrosée de poils blancs ; œil représenté par un point blanc avec, au delà, deux rayures arrondies brunes.

Femelle. Coloration foncière brunâtre ; apex plus pointu que chez le mâle ; rayure post-médiane plus concave que chez le mâle ; dessous des ailes grisâtre.

Boisduval, qui ne connaissait pas l'espèce *H. Convergens*, de Wal-

FIG. 1.

FIG. 2.

FIG. 3.

FIG. 4

FIG. 5.

FIG. 6.

Fig. 1. *Automeris Saturniata*, Walk.
Fig. 2. — *praecruenta*, Mass et Weym.
Fig. 3. — *superba*, Burm.

Fig. 4. *Automeris Mendoza*, Boisd.
Fig. 5. — *Aurora*, Mass et Weym.
Fig. 6. — *Dioxippus*, Boisd.

ker, en a fait une espèce nouvelle sous le nom de *Io cruenta*. Les exemplaires que j'ai vus chez M. Ch. Oberthür d'une part, au British Museum d'autre part, ne laissent aucun doute sur la synonymie. Je remarque, avec Boisduval, que le rouge de l'œil est très atténué ; c'est là un effet de la lumière qui s'est produit dans l'exemplaire de Walker comme dans ceux de la collection Auguste.

Automeris Saturniata, WALK.

Hyperchiria saturniata, Walk.
Io cœsa, Boisduval, *Aperçu monographique du genre Io, Annales Société entomologique Belge*, 1875.

Patrie : Amérique Centrale.
Envergure : mâle, 8 cm. ; femelle, 8 cm., pl. XXIX, fig. 1.
Mâle. Antennes jaune ocracé, tête et thorax brunâtres avec quelques poils roux, abdomen jaune ocracé avec une bande brune sur chaque anneau.
Aile antérieure : bord antérieur très droit, apex arrondi. Coloration foncière brun clair ; espace basilaire blanc en dessus de la nervure cubitale et brun en dessous ; rayure extra-basilaire concave, anguleuse aux deux extrémités, jaune ocracé, bordée de brunâtre des deux côtés ; espace médian brun clair ; marque rectangulaire à bords interne et externe très anguleux, brun foncé, bordée de jaunâtre ; rayure post-médiane oblique, jaunâtre, bordée de brun noir des deux côtés ; le reste de l'aile brun clair coupé transversalement par une bande blanche ; frange entrecoupée, jaune et brune.
Aile postérieure : disque couvert de poils roses surtout abondants contre le bord interne ; œil brunâtre, cerclé de noir, quelques points et un petit trait blanc au milieu ; rayure post-médiane large, brunâtre, le reste de l'aile gris blanc, avec deux larges rayures grisâtres dont la seconde est tangente à la frange ; frange entrecoupée jaune et brune.
Face inférieure : dessous des ailes enfumé, marque arrondie pupillée de blanchâtre, quelques poils roses contre le bord postérieur des ailes antérieures ; l'œil des ailes postérieures paraît en sombre avec une pupille blanchâtre, tangente à une rayure sombre, obsolète.
Femelle. Diffère du mâle par la taille.

Automeris Aurora, Maas et Weym.

Hyperchiria aurora, Maas et Weym., *Beiträge zur Schmetterlingskunde*, fig. 120.

Habitat : Amérique du Sud.

Envergure : mâle, 6 cm. 1/2, pl. XXIX, fig. 5.

Mâle. Tête et thorax brun foncé, antennes brun très clair, abdomen brun clair avec une tache triangulaire grise sur chaque segment.

Aile antérieure : bord externe très droit. Coloration foncière brun rose clair semé de très petits points noirs et de très nombreuses taches brun roux ; rayure extra-basilaire convexe, noire ; marque petite de la couleur foncière, bordée de noir ; rayure post-médiane mince, obsolète vers la côte, aboutissant très loin de l'apex, légèrement ondulée ; rayure subterminale indiquée seulement vers la côte, par deux petits arcs noirs superposés, une tache ovale, noire, près de l'apex.

Aile postérieure : bords très droits ; disque rose, plus foncé dans sa moitié interne ; œil petit, ovale, blanc, semé de petits points noirs et cerclé de noir ; au delà, une première rayure concentrique, mince, noire ; plus loin, tangente au disque, une rayure assez large, rouge carminé, un espace brun clair, une large rayure grisâtre tangente à la frange.

Automeris superba, Burmeister.

Hyperchiria superba, Burmeister, *Description physique de la République Argentine*, par le Dr H. Burmeister, t. V, *Lépidoptères-Atlas*, pl. XXIV, fig. 2, Buenos-Ayres, 1878.

Habitat : Tucuman, Santa-Cruz, Bolivie.

Envergure : mâle, 6 cm. ; femelle, 8 cm., pl. XXIX, fig. 3.

Femelle. Tête et thorax brun rouge, abdomen verdâtre clair avec une bande transversale brun clair sur chaque anneau.

Aile antérieure : bord costal arrondi vers l'extrémité apicale, celle-ci obtuse ; bord externe sinué. Coloration foncière verdâtre clair ; espace basilaire verdâtre en dessus de la radiale avec une liture brun clair à droite et à gauche, brun sombre en dessous ; rayure extra-basilaire très onduleuse, obsolète vers la côte, noire, largement bordée de brun roux du côté interne ; espace médian de la couleur du fond, avec quelques litures brun clair ; marque anguleuse rouge brun à bord sinueux, noir ; rayure post-médiane oblique, festonnée, obsolète vers la côte, noire ; espace antéterminal brun sombre plus large en bas qu'en haut ; rayure subterminale verdâtre clair, festonnée, concave, espace terminal brun roux.

Aile postérieure : bords non sinués ; disque rose avec quelques poils fumeux à l'insertion ; œil petit, gris noir, cerclé de noir, semé de points blancs avec une virgule renversée blanche au centre ; au delà de l'œil, on trouve une première rayure concentrique noire comprise dans le disque, puis tangente au disque et le bordant, une large bande arrondie brune, puis un espace verdâtre clair, et enfin une large bande brune tangente à la frange ; frange concolore verdâtre.

Mâle. Diffère de la femelle par sa taille et sa coloration plus claire.

Automeris Mendoza, Boisd.

Io Mendoza, Boisd., *op. cit.*, p. 225.

Automeris Mendoza, Druce, *Biol. Centr. Amer.*, t. I, p. 182, tab. XVI, fig. 6 ♀.

Habitat : Mexico, Colombie, Rio-Janeiro.

Envergure : femelle, 9 cm., pl. XXIX, fig. 4.

Femelle. Tête et thorax brun jaunâtre, abdomen grisâtre.

Aile antérieure : apex un peu aigu. Coloration foncière glauque grisâtre ; espace basilaire grisâtre ; rayure extra-basilaire en zigzag, fine, festonnée, noire ; marque marron, allongée ; rayure post-médiane noire, se terminant contre la côte à quelque distance de l'apex par trois arcs noirs dont la concavité est tournée en dehors ; une tache pyriforme brune contre la côte, en avant de l'apex ; espace antéterminal de la couleur foncière, espace terminal brun marron, n'atteignant pas l'apex.

Aile postérieure : disque glauque avec une légère villosité rose sur la base et contre le bord postérieur ; œil petit, grisâtre, semé d'écailles blanches et cerclé de noir ; au delà, une rayure arrondie noire et, plus loin, une bande ferrugieuse, arrondie, limitant le disque ; le reste de l'aile fauve clair ; frange glauque marquée de ferrugineux sur les nervures.

Face inférieure : jaune ; aile antérieure avec la marque mal arrondie, noir brunâtre, pupillée de blanc, la rayure post-médiane est représentée par une raie sinueuse noirâtre ; aile postérieure avec l'œil représenté par un point blanc suivi de deux rayures noirâtres, parallèles, anguleuses.

Automeris praecruenta, Maas et Weym., *Beitrage zur Schmett.* fig. 118.

Habitat : Amérique du Sud.

Envergure : femelle, 9 cm., pl. XXIX, fig. 2.

Femelle. Tête brun clair, thorax brun, plus foncé sur les bords ; abdomen fauve clair avec le bord postérieur de chaque anneau bordé, du côté dorsal, d'une bande brun foncé.

Aile antérieure : bord costal très convexe, bord externe droit. Coloration foncière gris brun, semé de macules blancs et noirs ; les nervures radiale et cubitale jaune clair, jusque contre la marque ; espace basilaire de la couleur foncière, passant au noir en dessous de la nervure cubitale ; rayure extra-basilaire rectiligne, oblique, jaune clair ; marque brun noir, ovale, étranglée en son milieu, bordée de jaune clair ; une tache pyriforme gris brun dans l'angle apical ; rayure post-médiane rectiligne, faisant, près du bord costal, un angle pour border la tache pyriforme, jaune clair ; espaces antéterminal et terminal de la couleur foncière, rayure subterminale large, ondulée, jaune clair.

Aile postérieure : disque presque blanc, couvert, sur sa moitié basale, de poils rouges ; œil rond, noir, avec, au centre, un gros macule blanc et des écailles blanches, éparses ; au delà, une première rayure arrondie, noire, puis une rayure parallèle, plus large, brune, bordant le disque ; l'espace compris entre ces deux rayures est semé de points noirs ; le reste de l'aile brun clair dans sa moitié antérieure, grisâtre dans sa moitié postérieure.

Automeris Dioxippus, Boisd.

Io Dioxippus, Boisduval, *loc. cit.*, p. 240.

Habitat : Amérique du Sud.

Envergure : femelle, 9 cm. 1/2, pl. XXIX, fig. 6.

Femelle. Tête et thorax brunâtres, abdomen jaunâtre.

Aile antérieure : caractérisée par une extrémité apicale bien arrondie. Coloration foncière roussâtre, brun clair du côté interne et sur le

Fig. 1.

Fig 2.

Fig. 3.

Fig. 4.

Fig. 5.

Fig. 1. *Automeris vagans*, Walk.

Fig. 2. *Pseudohazis eglanterina*, Boisd.

Fig. 3. — *eglanterina*, var. *Pica* Walk.

Fig. 4. *Pseudohazis eglanterina*, v. *Nuttoli* Streck.

Fig. 5. — *eglanterina*, v. *Marcata* Neum.

bord costal ; espace basilaire brun clair, rayure extra-basilaire en zigzag, plus claire ; espace médian avec une marque grande, ovale, à
pupille blanchâtre et bordure plus claire que le fond ; rayure post-
médiane convexe aboutissant très loin de l'apex, noirâtre, bordée
intérieurement de jaunâtre clair.

Aile postérieure : bien arrondie. Coloration foncière glauque ; œil
grand, brun rose, à grosse pupille blanche, entouré d'un premier
cercle noir bleuâtre et d'un second cercle extérieur noir ; au delà, une
rayure à sinuosités concaves, noire ; l'espace compris entre cette rayure
et l'œil est semé de nombreuses écailles noires ; un peu plus loin, une
autre rayure arrondie, large, noirâtre, s'estompant du côté interne ;
le reste de l'aile brun clair.

Face inférieure : rousse, marque représentée par un petit œil noirâtre pupillé de blanc ; l'œil apparaît, mais moins saillant.

Coll. Ch. Oberthür.

Automeris vagans, Walk., *Cat. Lep. Brit. Museum*, p. 1312.

Habitat : Brésil.
Envergue : femelle, 8 cm., pl. XXX, fig. 1.
Femelle. Tête et thorax brun clair, abdomen brunâtre, avec des bandes transversales blanches ; quelques poils roses à l'insertion de l'abdomen.

Aile antérieure : bord antérieur droit, apex anguleux. Coloration
foncière brun clair, uniforme ; rayure extra-basilaire large, un peu
convexe, plus foncée que le fond ; la marque est une petite bande
blanche anguleuse ; rayure post-médiane convexe, brunâtre, espaces
antéterminal et subterminal séparés par une bande plus foncée, irrégulière ; frange brune.

Aile postérieure : arrondie. Coloration foncière brun rosâtre clair,
une touffe de poils roses à l'insertion ; pas de rayure apparente sauf
une étroite bande brune tangente à la frange. Les nervures se déta-
chent en brunâtre sur le fond. La face inférieure montre des rayures
blanchâtres ondulées.

Museum d'Oxford.

GENRE **Pseudohazis,** Grotte et Robinson.

Ann. Lyc. N. York., VIII, p. 377, 1866.

Ailes antérieures un peu incurvées dans leurs deux premiers tiers, ailes inférieures avec deux rayures ; antennes des mâles noires, simplement mais largement denticulées, plus de quarante articles. — Femelles généralement plus petites que les mâles, à antennes simplement denticulées, ces dents obtuses, peu longues, nervures intercostales en chevron.

Pseudohazis eglanterina, BOISDUVAL.

> **Saturnia eglanterina,** *Ann. Soc. Ent. Franc.*, p. 323, 1852.
> **Telea eglanterina,** Her.-Schäf., *Aussereurop. Schmet.*, 1, fig. 442, 1853.
> **Pseudohazis Nuttali,** Strek., *Lep.*, p. 107, 1875.
> **Pseudohazis Nuttali,** var. **Arizonensis,** Strek., *loc. cit.*, p. 137.
> **Hemileuca pica,** Walk., *Cat. Lep. Het. B. M.*, VI, p. 1318, 1855.

Habitat : Californie, Montagnes Rocheuses, Arizona, Oregon.

Envergure : mâle, 6 cm. 1/2 à 9 cm. ; femelle, 7 cm., pl. XXX, fig. 2.

Cette espèce varie considérablement de couleur depuis le jaune pâle jusqu'au rose saumon, au chrome vif et au noir, de là de nombreuses variétés décrites souvent comme espèces.

La description des mâles s'accorde avec celle des femelles ; ils ne diffèrent entre eux que par les antennes qui sont très largement pectinées chez les mâles, brun rouge à denticules longs et noirs et à denticules courts et entièrement rougeâtres chez les femelles ; tête et prothorax d'un jaune ferrugineux, corselet mélangé de jaunâtre, abdomen de la couleur des ailes inférieures, plus pâle en dessous et annelé de noir, sauf l'extrémité complètement jaune ; le dessous presque comme le dessus.

Pseudohazis Eglanterina, type Boisduval, a les ailes supérieures d'un blanc jaunâtre, légèrement incarnat, saupoudré d'un peu de noirâtre à la base, ainsi que la côte et les deux rayures ; la rayure extra-basilaire est large, anguleuse, reliée à une bande longitudinale noire qui part de la base de l'aile ; rayure post-médiane également noirâtre, convexe en haut ; sur l'espace médian, une grosse tache noire pupillée

de blanc ; les deux espaces terminant chaque nervure sont couverts
d'une courte bande noirâtre, de forme triangulaire ; le bord de l'aile
est noir.

Aile postérieure : d'un beau jaune d'ocre, espace basilaire plus ou
moins grisâtre, limité par une rayure noire, espace médian avec une
grosse tache noire ; au delà, une très large bande, arrondie, noire,
puis des taches noires, triangulaires sur chaque nervure. Le type
se trouve en Californie, où la chenille vit sur les rosiers sauvages.

P. Eglantcrina, var. *Nuttali*. Streck. De couleur un peu plus claire,
avec toutes les marques noires plus étroites, spéciale aux Montagnes
Rocheuses et l'Arizona (pl. XXX, fig. 4).

P. Eglanterina, var. *Pica. Walk*. Le fond des ailes est complètement
blanc et les marques noires sont à peu près comme dans le type ; tou-
tefois, le trait noir basal des ailes antérieures n'atteint pas toujours
la rayure extra-basilaire et, sur les ailes inférieures, la rayure
extra-basilaire est plus rapprochée de la base. Le prothorax
est jaune ferrugineux, le corselet noir, mélangé de poils jaunes, l'abdomen jaune annelé de noir sauf à l'extrémité où il est complètement
jaune.

Nous avons reçu cette variété de l'Utah (pl. XXX, fig. 3).

P. Eglanterina, var. *Marcata, Neumœgen*. Le fond des ailes est blanc
crème avec toutes les marques noires très étroites ; sur les ailes inférieures, il n'existe aucune trace de trait triangulaire sur les nervures
et la rayure extra-basilaire est à peine indiquée par une tache vers
le bord antérieur. Le prothorax est jaune, le corselet blanc et l'abdomen jaune annelé de noir et de blanc, sauf sur les trois derniers segments où le blanc disparaît ; le dessous de l'abdomen est blanc, sauf
le dernier segment qui est jaune (pl. XXX, fig. 5).

Pseudohazis Eglanterina, var. *Hera*. Harris. Le fond des ailes supérieures est de couleur saumon plus ou moins carminé, sauf l'espace
compris entre la tache et la rayure post-médiane qui est de la couleur
jaune des ailes inférieures, les marques noires sont comme dans *Eglanterina*, sauf les traits en forme de triangle qui recouvrent les nervures
4, 5 et 6 qui sont presque confluentes ainsi que 7 et 8. Sur les ailes inférieures, la tache est bien plus basale que dans *Eglanterina* et le rayon
interne est indistinct, la base de l'aile étant saupoudrée de noir, le
corps est comme celui d'*Eglanterina*.

Quelquefois, la portion des ailes antérieures de couleur saumon est réduite à la portion voisine de la côte, mais toutes les marques noires habituelles sont visibles. Enfin, on trouve des spécimens chez lesquels les marques noires sont effacées sur certaines parties des ailes et d'autres où elles font absolument défaut, le papillon est alors complètement d'un beau jaune d'or avec la portion antérieure et la base des premières ailes de couleur saumon.

Pseudohazis Eglanterina, var. *Shastaensis, Behrens.* Dans cette variété, le noir envahit la presque totalité de l'aile ; on remarque quelques traces d'écailles roses le long de la nervure sous-costale et en-dessous, ainsi que quelques-unes près de la marge entre les nervures ; sur l'aile inférieure ces traces sont jaunes.

<h3 style="text-align:center">GENRE Hemileuca</h3>

WALKER, Lep. Het. B. M., VI, p. 1317, 1855.

Euchromia, Pack., *Proc. ent. Soc. Philad.*, III, p. 382, 1864.
Argiraudes, Grote, *Canad. Ent.*, XIV, p. 215, 1882.
Euleucophaeus, Pack., *Rep. Peabody Acad.*, IV, p. 88, 1872.

Caractères du genre : antennes simplement dentées chez le mâle, noir rougeâtre ; nombre d'articles supérieur à quarante.

Chez la femelle, les articles sont de forme triangulaire, moitié moins large que chez le mâle.

Les ailes ont un repli du sinus ayant l'apparence d'une nervure supplémentaire sur toutes les ailes entre la nervure anale et la médiane ainsi que sur la cellule humérale des ailes supérieures ; nervure intercostale brisée ayant son extrémité supérieure sur la nervure 6.

Les deux derniers segments de l'abdomen de couleur jaune rougeâtre chez le mâle.

Abdomen plus long que les ailes inférieures.

Les rayures ne sont pas visibles, chaque zone est néanmoins distincte, mais non séparée par des lignes de couleurs différentes.

Ailes très sobrement recouvertes d'écailles.

Hemileuca venosa, WALK., *Cat. Lep. H. B. M.*, VI, p. 1319, n° 4, 1855.

Habitat : Nouvelle-Grenade.
Envergure : mâle, 6 cm. 1/2, pl. XXXI, fig. 3.

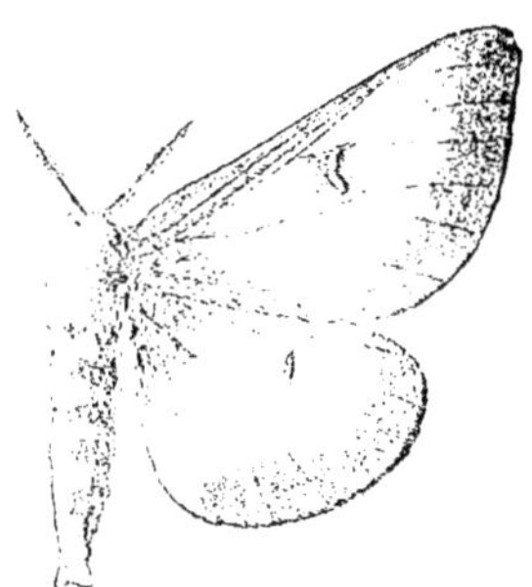

Fig. 1.

Fig. 2

Fig. 3.

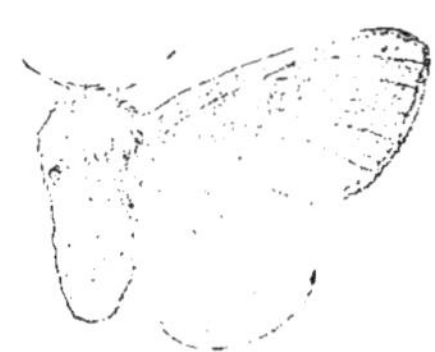

Fig. 4.

Fig. 5.

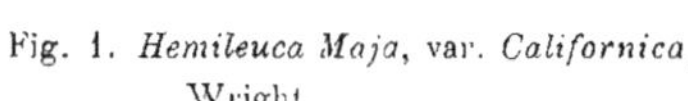

Fig. 1. *Hemileuca Maja*, var. *Californica*, Wright.

Fig. 2.   —   var. *Nevadensis* Streck.

Fig. 3. *Hemileuca Venosa*, Walker.

Fig. 4.   —   *rubridorsa*, Felder.

Fig. 5.   —   *Maja*, Drury.

Mâle. Antennes noires et très larges. Ailes d'un blanc jaunâtre avec toutes les nervures indiquées en brun noirâtre ; ces nervures s'élargissent chacune en une tache triangulaire au contact de la marge, tache de l aile indiquée seulement par un espace subovale un peu plus chargé de poils blancs ; avant cette dernière, une rayure brunâtre, parallèle ; thorax et abdomen brun noir, le thorax bordé antérieurement d'un collier de poils jaunes, l'abdomen terminé par une touffe de poils jaune saumon.

Dans quelques spécimens, la couleur noire des nervures envahit la presque totalité du fond de l'aile, mais la tache qui est à peine visible sur les sujets ordinaires est nettement indiquée en blanc ; la frange des ailes est formée de poils longs et noirs.

Hemileuca Maja, Drury *(Attacus M.), III, Ex. ent.,* III, pl. XXIV, fig. 3, 1773.

Attacus Maja, Cramer, *Pap. exot.*, pl. 98, A, 1777.
Saturnia Maja, Dunc., *Nat. Libr. exot. moth.*, p. 154, pl. 16, fig. 1, 1841.
Bombyx Proserpina, Fab., *Syst. Ent.*, p. 561, n° 17, 1775.
H. Maja. Vté Lucina, H. Edw.. *Ent. Amer.*, II. p. 14, 1886.
H. — Vté Nevadensis, Streck., *Zyg. de Bomb. N. Amer.*, I, p. 108, pl. 4, fig. 10, 1872.
H. — Vté Californica, Wright., *Canad. Ent.*, XX, p. 31, 1888.
H. — Vté Grotei, Grote et Rob., *Trans. Amer. Ent. Soc.*, II, p. 192, pl. 2, fig. 60, 1868.
H. — Vté Yava Pal., Neum., *Pap.*, p. 138, 1883.

Habitat : Amérique du Nord et Centrale.
Envergure : mâle, 5 cm. ; femelle, 7 cm.

Mâle. Thorax noir bordé antérieurement d'un collier de poils jaunâtres et postérieurement de poils rouges, abdomen noir avec les deux derniers segments brun rouge ; cuisses rouges, tibias et tarses noirs. Zones interne et externe noir semi-transparent, zone médiane étroite d'un blanc jaunâtre semi-transparent ; côte des ailes antérieures noire, tache de cette aile subovale noire ayant à son centre une ligne brisée blanc terne, cette tache est tangente à la zone interne.

Ailes inférieures avec zone médiane plus large que sur les autres ailes, tache noire plus petite ; franges des ailes noires.

Femelle. Plus grande, en plus du collier antérieur jaune du thorax des poils jaunes sont répandus profusément sur le thorax et sur l'ab-

domen, mélangés avec les poils noirs ; le dernier segment de l'abdo
men seul est rouge.

La var. *Californica* a le mâle dont le corselet est presque complète
ment revêtu de poils jaunes, et dont la zone médiane est beaucoup
plus large que dans le type, la tache de l'aile est isolée et non tan
gente à la zone interne.

Var. *Nevadensis* a la zone médiane encore plus large, elle envahit
presque toute l'aile.

Dans la var. *Yava Paï*, de l'*Arizona*, la zone médiane disparaît au
contraire presque complètement ; elle n'est plus indiquée que par
quelques taches blanches.

D'après M. Grote, ce papillon est répandu sur une grande por
tion de l'Amérique du Nord et est très abondant dans l'Illinois, le Mis
souri et le New-Jersey, il vole très souvent durant le jour.

La chenille, d'après M. W. L. Distant, se nourrit sur le chêne et sur
le saule.

Hemileuca rubridorsa, Felder, *Reis. de Novara Lep.*, IV,
pl. 90, fig. 2, 1874.

Habitat : Mexique.

Envergure : femelle, 6 cm., pl. XXXI, fig. 4.

Thorax élargi, grisâtre, abdomen rouge vineux foncé.

Ailes à nervation très apparente, nervures teintées de jaunâtre ;
ailes antérieures plus foncées que les portérieures ; rayures internes
et externes bordées de blanc, décrivant deux S tournés en sens in
verses. Une petite tache hyaline claire.

Genre **Euleucophæus**

Packard, *Rep. Peabody Acad.*, IV, p. 88, 1872.

Ce genre est allié très étroitement au genre *Hemileuca*. Le corps est
grand, les ailes plutôt petites. Les antennes sont grandes, largement
pectinées au sommet. Les ailes antérieures sont proportionnellement
plus petites que chez les *Hemileuca*, la côte est légèrement sinuée,
incurvée au milieu, l'apex arrondi, les bords externes et internes
ayant les mêmes proportions. Les ailes postérieures sont beaucoup
plus courtes et plus arrondies que chez les *Hemileuca*, l'apex est plus
arrondi. La seconde nervure médiane naît au milieu de l'aile, surtout

sur l'aile postérieure, tandis que chez les *Hemileuca*, elle naît plus loin. Il n'y a pas de tache discale sur les ailes postérieures qui ont une coloration blanc jaunâtre sétacé pâle.

Euleucophæus lex, Druce, *Biol. Centr. Amer. Lep.*, t. 2, p. 420, tab. 82, fig. 4, ♂.

Habitat : Mexico.

Envergure : mâle : 5 cm., pl. XXXII, fig. 3.

Mâle. Tête et thorax brun sombre avec quelques poils grisâtres ; antennes jaunâtres, abdomen brun rougeâtre en dessus et blanc en dessous.

Aile antérieure : coloration foncière gris sombre, légèrement arrosé d'écailles blanches ; la moitié extérieure du bord costal également blanche ; espace basilaire un peu brunâtre ; rayure extra-basilaire blanche très convexe ; marque en lunule, blanche ; rayure post-médiane, ondulée, blanche ; frange blanche.

Aile postérieure : blanc rosâtre avec une épaisse bande blanche submarginale s'étendant depuis l'apex jusqu'à l'angle anal ; la frange est blanche.

Face inférieure : comme la face supérieure, mais avec les ailes antérieures ombrées de rose ; les nervures également rosées.

Euleucophæus nitria, Druce, *Biol. Centr. Amer. Lep.*, t. II, p. 421, tab. 82, fig. 9 ♂.

Habitat : Mexico.

Envergure : mâle, 5 cm., pl. XXXII, fig. 4.

Mâle. Tête rose, antennes jaunes, thorax couvert de poils blanchâtres et blancs entremêlés, abdomen jaune en dessus, grisâtre en dessous avec quelques poils roses à la base.

Aile antérieure : coloration brun fumeux sombre avec la côte jaune et les nervures jaunes ; les deux rayures extra-basilaire et post-médiane, ainsi que la marque se détachant en blanc sur le fond.

Aile postérieure : uniformément fumeuse, plus claire que l'aile antérieure.

Euleucophæus lares, Druce, *Biol. Centr. Amer. Lep.*, t. II, p. 420, tab. 82, fig. 3 ♂.

Habitat : Mexico.

Envergure : mâle, 5 cm. 1/2, pl. XXXII, fig. 1.

Mâle. Tête et thorax brun sombre, antennes brun jaunâtre, abdomen jaune foncé avec la base densément couverte de poils roses.

Aile antérieure : espaces basilaire et médian fauve grisâtre, espaces antéterminal et terminal gris rosâtre clair ; rayure extra-basilaire blanc grisâtre, convexe, marque petite, de même couleur, rayure post-médiane ondulée, blanc grisâtre.

Aile postérieure : blanc jaunâtre sombre avec l'apex, le bord extérieur et une rayure médiane peu distincte, de couleur gris brunâtre.

Euleucophæus numa, DRUCE, *Biol. Centr. Amer. Lep.*, t. II, p. 421, tab. 82, fig. 10 ♀ et 11 ♂.

Habitat : Mexico.

Envergure : femelle, 7 cm. 1/2 ; mâle, 4 cm. 1/2, pl. XXXII, fig. 2.

Mâle. Tête et thorax brun rosâtre avec quelques poils grisâtres, antennes jaunes, dessus de l'abdomen jaune ; dessous brun sombre avec des bandes blanches.

Aile antérieure : coloration foncière brun rosâtre, bord costal d'un jaune brillant ; espace basilaire brun rosâtre sombre ainsi que l'espace médian ; rayure extra-basilaire blanc rosâtre, légèrement convexe, marque petite, blanc rosâtre ; rayure post-médiane de même couleur ; le reste de l'aile plus clair ; frange brune.

Aile postérieure : gris rosâtre, brunâtre le long du bord interne.

Face inférieure : comme la face supérieure, mais avec les ailes antérieures beaucoup plus rouges.

Femelle. Très semblable au mâle, mais avec les ailes antérieures bien plus claires, les rayures à peine indiquées, les nervures brun sombre.

Euleucophœus mania, DRUCE, *Biol. Centr. Amer. Lep.*, t. II, p. 420, tab. 82, fig. 5 ♂ et 6 ♀.

Habitat : Mexico.

Envergure : mâle, 5 cm. 1/2, pl. XXXII, fig. 5.

Mâle. Tête et antennes brun grisâtre, thorax blanc grisâtre, abdomen jaune rougeâtre.

Aile antérieure : brun grisâtre pâle avec le bord costal jaune ; les deux rayures extra-basilaire et post-médiane blanchâtres, la marque

Fig. 1.

Fig. 2.

Fig. 3.

Fig. 4.

Fig. 5.

Fig. 6.

Fig. 1. *Euleucophæeus lares*, Druce.   Fig. 4. *Euleucophæeus nitria*, Druce.
Fig. 2.   —   *numa*, Druce.   Fig. 5.   —   *mania*, Druce.
Fig. 3.   —   *lex*, Druce.   Fig. 6.   —   *norba*, Druce.

petite, blanchâtre, bord marginal jaune, la frange et le bord postérieur blancs.

Aile postérieure : blanc pur uniforme avec quelques poils rosés sur la base et le long du bord postérieur.

Face inférieure : plus pâle que la face supérieure avec une seule bande blanche sur l'aile antérieure.

Femelle. Tête et portion antérieure du thorax couverts de longs poils blancs, thorax et abdomen jaune rougeâtre.

Aile antérieure brun rosâtre sombre, bord costal jaune, rayures peu saillantes.

Aile postérieure : brun rosâtre pâle plus sombre vers l'apex et le long du bord postérieur, coupée par une rayure arrondie, blanchâtre, peu distincte, allant de l'apex au bord postérieur ; frange blanc grisâtre.

Euleucophæus norba, Druce, *Biol. Centr. Amer. Lep.*, t. II, p. 420, tab. 82, fig. 7 ♂ et 8 ♀.

Habitat : Mexico.
Envergure : mâle, 5 cm. 1/2 ; femelle, 7 cm., pl. XXXII, fig. 6.
Mâle. Tête et thorax brun rougeâtre densément semé de poils blanc grisâtre ; antennes jaunes ; abdomen jaune rougeâtre avec des poils roses à la base, grisâtre en dessous.

Aile antérieure : brun grisâtre pâle, plus sombre à la base ; le bord costal et toutes les nervures jaunes ; les rayures extra-basilaire et post-médiane blanchâtres, la marque petite, de même couleur.

Aile postérieure : brun rose très pâle, coupée au tiers postérieur par une rayure arrondie, blanchâtre, peu saillante, qui va de l'apex au bord postérieur, les rayures jaunes et la frange grisâtre.

Face inférieure : très semblable à la supérieure, mais de couleur plus brillante ; les ailes antérieures sans rayure blanchâtre.

Femelle. Tête et thorax grisâtres, abdomen fauve rougeâtre avec des poils grisâtres sur chaque segment.

Ailes antérieure et postérieure brun grisâtre sombre, les rayures blanchâtres peu distinctes et très étroites, les nervures et la côte d'un jaune brillant.

Euleucophœus tricolor, PACK., *Rep. Peabody Acad.*, IV,
     p. 88, 1872.

Habitat : New-Mexico.

Envergure : mâle, 5 cm. 1/2.

Mâle. Tête, thorax et face supérieure de l'abdomen brun rougeâtre
sombre, antennes jaune ocracé.

Aile antérieure : Lord antérieur droit, apex bien arrondi ; espace
basilaire brun rouge sombre ; rayure extra-basilaire large, très convexe, dentée inférieurement, blanc jaunâtre pâle, espace médian
brun bleuté, avec une étroite lunule claire, le reste de l'aile blanc
jaunâtre clair, coupée au milieu par une bande brunâtre n'atteignant
pas l'apex.

Aile postérieure d'un blanc jaunâtre pâle uniforme, avec les nervures légèrement rouges.

Face inférieure : blanchâtre ; moitié basale de la côte couleur chair ;
base des ailes postérieures rougeâtres.

Euleucophœus sororius, H. EDWARD, *Papilio*, vol. I, p. 100,
     1881 (New-York).

Habitat : La Paz, Basse-Californie.

Envergure : 3 cm.

Femelle. Tête brun rouge, thorax brun rouge avec de longs poils
gris ; abdomen brun noisette, avec des bandes blanchâtres.

Aile antérieure : brun rougeâtre pâle, un peu plus pâle vers le
bord postérieur ; les rayures sont blanches, épaisses ; la rayure extra-
basilaire oblique, non incurvée, n'atteignant pas la côte ; la rayure
post-médiane ondulée depuis son milieu jusqu'au bord postérieur.
Dans l'espace médian existe une marque oblongue, brun jaunâtre ;
la côte est brunâtre à sa base ; sur l'espace médian, elle est semée
d'écailles blanches, et vers l'apex, elle est blanche depuis sa jonction
avec la rayure post-médiane ; frange et bord interne blanchâtres, un
peu rosés.

Aile postérieure : brun rougeâtre sombre, plus pâle sur le disque ; les nervures très fortes et très distinctes ; les franges blanc
clair.

Face inférieure : brun rougeâtre pâle ; les rayures des ailes antérieures sont apparentes.

Coll. H. Edwards.

Lyon. — Imprimerie A. REY, 4, rue Gentil.— 37665 B

www.ingramcontent.com/pod-product-compliance
Lightning Source LLC
LaVergne TN
LVHW020205030726
842520LV00003B/886